国際建設契約の法務
FIDICを題材として

京都大学経営管理大学院 特命教授
大本俊彦

森・濱田松本法律事務所 弁護士
関戸　麦

森・濱田松本法律事務所 弁護士
高橋茜莉

商事法務

はしがき

　本書のもとは、商事法務ポータルにおける連載である。2021年3月から2022年9月まで、全71回にわたり「国際契約法務の要点――FIDICを題材として」というタイトルで寄稿した。

　その連載開始に当たり、特徴と狙いとして記載したのは以下の3点である。本書もこれを踏襲しているので、ここに引用する。

> **1　3名のコラボレーション**
> 　本連載の執筆者は3名であり、それぞれ、かなり異なるバックグラウンドを有している。
> 　大本は、大学の工学部で修士号を取得した後、大手建設会社において数多くの大規模海外プロジェクトを現場で担当した。その後、英国の大学で法律と建設紛争を学び修士号を取得し、これらの知識と経験を発展させ「建設請負契約の構造と紛争解決に関する理論的研究」という論文で博士号を取得し、国際的な建設紛争の分野で、中立的な判断を示す仲裁人、ディスピュート・ボード（Dispute Board: DB）メンバー等として、あるいは、専門的知見を提供する証人（expert witness）として幅広く活動している。
> 　関戸は、日本の大手法律事務所に所属し、弁護士として、長年にわたり国内外の紛争案件に携わってきた。日本の裁判実務につき様々な経験を多く積みつつ、米国その他の海外訴訟、国際仲裁にも携わっており、紛争案件および手続について、比較の視点を多く持ち合わせていることが特徴である。
> 　高橋は、同じく日本の大手法律事務所に所属しつつも、日本人でありながら外国法弁護士という位置づけである。その理由は、海外事務所でキャリアを積み重ねてきたからであり、その具体的内容は、ドバイ、香港等で、建設紛争その他の様々な国際仲裁に多数関わるというものが中心である。
> 　本連載は、この様な3名のコラボレーションである。多様性（diversity）の価値が表現できればと考えている。

2　難易度の高い題材で、初学者を含む幅広い読者を対象とする試み

　本連載のテーマは、国際契約法務である。これを、できる限りの紛争の予防と早期解決を意識しながら、明快に解説することを企図している。

　ただし、題材は、FIDICという、かなり複雑な契約書式である。FIDICとは、建設関係の世界的な団体であり、英語の名称は、「International Federation of Consulting Engineers」である（なお、FIDICは、フランス語名称の頭文字に由来するため、英語名称の頭文字とは一致していない）。FIDICの契約書式は、建設・インフラ工事の大規模プロジェクトにおいて広く用いられており、複雑で困難な国際契約問題に対応するための工夫が、集積されている。

　また、この題材は、角度を変えて言えば、国際的で、大規模かつ複雑な契約における紛争の予防と早期解決を目的とする。筆者らの経験上、これは難易度が高い作業である。その理由をあえて一言で述べれば、契約対象の複雑さ故に、契約において決めきれないことが不可避的に多々生じるということである。換言すれば、予測しきれないことが余りにも多く、契約書でカバーしきれないことが所与の前提になっている。

　そこで、契約書を作成した後のフォローとして、契約管理が重要になる。本連載では、この点にも注力する。

　もっとも、想定する読者は、国際契約法務に接する方すべてである。この中には、理系ご出身の方、その他の大学で法学を学ばれていない方、初学者も多く含まれることを想定している。というのも、建設・インフラ工事の契約法務を含め、国際契約法務の現場にいらっしゃる方は多様であり、法学との接点が必ずしも多くない方々も多く含まれるからである。

3　重視することは「基本」

　そこで、本執筆が留意しようとしていることが、「基本」である。法的思考の枠組みは、それ程多くはない重要な視点から成り立っており、これらの視点が「基本」として意識されなければならないと考えている。そして、この「基本」は、経験豊富な国際契約法務のエキスパートであっても留意するべきであり、他方において、初学者でも理解および実践可能な事項である。

　3名の筆者それぞれに、「基本」と考えていることがある。ただし、それぞれの「基本」には共通の軸があり、それが明確になることが、多様性（diversity）の一つの価値である。

> その共通の軸を、FIDICに照らしながら、読者の皆様と共有できればと考えている。
> 分かり易さにも努める所存なので、どうか、連載におつき合い頂けると幸いである。

　ただし、連載を通じて、また、その後のセミナー等を通じて考えをより強くした点がある。日本企業は、国際的なビジネスの場面で、主張するべきことを主張することにもっと意識を払ってよいのではないか、という点である。そのためには、主張するべきことの特定、主張の組み立て方、主張の手続等に、意識を払うべきである。連載時においても意識していたことであるが、本書の執筆に当たり、これをより明確に意識した。

　よりよいビジネス関係のためには、コミュニケーションが必須であり、その不可欠の要素として、主張するべきことを主張し、その反面、相手の主張に正面から向き合うことが重要と考える。

　株式会社商事法務の佐藤庸平氏、奥田博章氏、浅沼亨氏、新嶋さくら氏をはじめ皆様から、連載時代から長きにわたり、懐の深いご支援を賜った。この場を借りて、篤く御礼申し上げる。

令和6年8月

大本俊彦
関戸　麦
高橋茜莉

目　次

はしがき　*i*

序　章　検討の視座 ——————————————————————————— *1*
▎1　主張するべきことを主張するために必要なこと　*1*
▎2　実体規定と手続規定　*2*
▎3　権利義務関係の整理　*3*
▎4　その他の視点　*4*
　(1)　要件と効果　*4*
　(2)　原則と例外　*4*
　(3)　趣旨・目的　*5*

第1章　幹となる権利義務(1)――工事等の内容 ————————— *7*
▎1　Rainbow Suite　*7*
▎2　設計は Employer および Contractor のいずれが行うべきか　*9*
　(1)　design-bid-build と design-build（turn-key）　*9*
　(2)　design-bid-build よりも design-build（turn-key）が優れている点　*10*
　(3)　design-build（turn-key）よりも design-bid-build が優れている点　*11*
▎3　Contractor の義務内容の解釈　*12*
　(1)　契約解釈の必要性　*12*
　(2)　fitness for purpose　*12*
　(3)　法令遵守の義務　*15*
　(4)　契約書類間の優先順位（priority of documents）　*16*
　(5)　FIDIC におけるその他の契約解釈に関する規定　*17*
　(6)　各準拠法における契約解釈ルール　*17*

4 シビル・ロー（civil law）とコモン・ロー（common law）における契約解釈の違い──信義則　*19*

(1) はじめに　*19*

(2) シビル・ローにおける信義則　*19*

(3) コモン・ローにおける信義則　*20*

(4) Contra proferentem ルール等による対応　*21*

5 契約に明示的な定めのない権利義務の認定（implied terms）　*22*

(1) コモン・ローのもとでの implied terms　*22*

(2) Implied terms の典型例　*22*

(3) 建設契約における implied terms　*23*

6 完全合意条項　*25*

(1) 概　要　*25*

(2) 事前の合意に基づく契約条項の修正ないし変更を排除すること　*25*

(3) 事後の合意に基づく契約条項の修正ないし変更の要件（遵守が必要な手続）を定めること　*25*

(4) 黙示的な表明、保証等の義務ないし責任を排除すること　*27*

(5) 契約締結時までに作成された証拠を排除すること　*28*

(6) 小　括　*28*

　　コラム　大規模な建設・インフラ契約の難しさ──不完備性　*29*

7 Contractor による履行の継続的な確認　*31*

(1) 継続的な確認の必要性　*31*

(2) Programme・Methods of execution of the Works（so called Method Statement）　*31*

(3) Documents・Progress Reports　*32*

(4) Quality Management System・Compliance Verification System　*32*

(5) 問題が生じた場合の対処　*32*

8 試験および検収　*33*

(1) 試　験　*33*

(2) 検　収　*34*

第 2 章　幹となる権利義務(2)——代金支払義務　　37

- 1　Red Book　37
- 2　Yellow Book および Silver Book　38
- 3　代金の支払いを確保するための条項　39
- 4　支払条件　40
  - (1)　Red Book における支払条件　40
  - (2)　Yellow Book および Silver Book における支払条件　41
  - (3)　日本の請負契約における支払条件　42

第 3 章　当事者および関係者　　45

- 1　総　論　45
  - (1)　契約当事者　45
  - (2)　Employer の役割　45
  - (3)　Contractor の役割　47
  - (4)　その他の関係者　48
- 2　Engineer　48
  - (1)　Engineer とは　48
  - (2)　役　割　49
  - (3)　立ち位置　51
  - (4)　Engineer に関する法律関係　51
  - (5)　Engineer を確保する趣旨　53
  - (6)　Silver Book の規定内容　54
- 3　Subcontractor　55
  - (1)　Subcontractor に関する規定の概要　55
  - (2)　Contractor の義務と背中合わせ（back-to-back）の義務　56
  - (3)　Pay when paid の支払方式　57

第 4 章　Variation および Adjustment　　59

- 1　工事等の内容の変更　59
  - (1)　Variation の意義および種類　59

(2) Engineer による強制的な Variation　*60*
  (3) Engineer の主導のもと、Contractor の提案を通じて行われる Variation　*63*
  (4) Engineer の黙示の指示による Variation　*64*
  (5) Contractor 主導による Variation　*65*
  (6) Variation の評価（valuation）　*68*
  (7) Variation に関する典型的な問題　*69*
 2　代金額の変更　*71*
  (1) はじめに　*71*
  (2) 代金額に関するリスク分担ルールの「原則」　*71*
  (3) Variation に伴う代金額の変更　*72*
  (4) 法令等の変更に伴う代金額の変更　*73*
  (5) 人件費、資材価格等のコスト変動に伴う代金額の変更　*74*

第 5 章　Delay　*77*

 1　遅延の概念と契約上の工期に関する定め　*77*
  (1) はじめに　*77*
  (2) 遅延の概念　*78*
  (3) 契約上の期限に関する規定　*78*
 2　EOT　*80*
  (1) はじめに　*80*
  (2) EOT に関するリスク分担ルール　*81*
  (3) EOT に関する変更ルール（手続）　*83*
  (4) EOT の Employer にとっての必要性　*85*
  (5) Delay Damages　*86*
 3　Delay analysis　*88*
  (1) 遅延分析の必要性　*88*
  (2) 遅延分析の基本的な考え方——critical path　*89*
  (3) 遅延分析の手法　*92*
 4　Delay に関するコストの請求　*93*
  (1) はじめに　*93*

(2)　リスク分担ルールと、EOT との比較　*94*
　　(3)　変更ルール（手続）　*95*
■ 5　Concurrent Delay　*96*
　　(1)　問題の所在　*96*
　　(2)　Concurrent Delay に関する EOT のルール　*97*
　　(3)　Concurrent Delay に関する prolongation cost のルール　*100*
■ 6　不可抗力事由による遅延　*101*
　　(1)　COVID-19 と不可抗力　*101*
　　(2)　FIDIC における不可抗力事由　*102*
　　(3)　COVID-19 に関する FIDIC のガイダンス　*104*
■ 7　遅延の軽減と acceleration　*105*
　　(1)　はじめに　*105*
　　(2)　建設プロジェクトにおける duty to mitigate　*105*
　　(3)　Acceleration の取扱い　*107*

第 6 章　Disruption　*111*

■ 1　はじめに　*111*
■ 2　Disruption に基づく請求　*111*
　　(1)　概　要　*111*
　　(2)　Delay に基づく請求との区別　*113*
　　(3)　Disruption の分析　*114*

第 7 章　Defect 等　*117*

■ 1　リスク分担ルール　*117*
■ 2　工事の引渡（taking-over）との関係　*119*
■ 3　Defect Notification Period（DNP）　*120*
　　(1)　意　義　*120*
　　(2)　FIDIC の規定内容　*120*
　　(3)　DNP 経過後の請求の可否　*121*
　　(4)　DNP と資材の warranty period との間に期間の相違がある場合　*123*

- 4 修補による対処 *124*
- 5 修補により解消されない損害 *125*
- 6 賠償責任制限条項 *126*

第8章　Suspension と Termination　*129*

- 1 はじめに *129*
- 2 Employer の主導による suspension *130*
  - (1) 要　件 *130*
  - (2) 効　果 *130*
  - (3) Suspension が長引いた場合の手段 *131*
- 3 Contractor の主導による suspension *132*
  - (1) 要　件 *132*
  - (2) 効　果 *133*
  - (3) Employer 主導の suspension との違い
    ——危機的状況における suspension *134*
- 4 Employer の主導による termination *134*
  - (1) 概　要 *134*
  - (2) Contractor の債務不履行に基づく termination *135*
  - (3) 理由なしの解除（termination for convenience） *139*
- 5 Contractor の主導による termination
  ——Employer の債務不履行に基づく解除 *142*
  - (1) 解除事由 *142*
  - (2) 解除手続 *143*
  - (3) 解除後の Contractor の義務 *144*
  - (4) 解除後の清算処理 *144*

第9章　履行の確保　*145*

- 1 不履行リスクの存在 *145*
- 2 不履行リスク対応の視点 *146*
  - (1) 不履行の可能性が低い相手方と契約を締結する *146*

(2)　不履行時の回収可能性を高める（担保の確保）　*146*
　(3)　手続コストが低い回収方法を確保する　*147*
　(4)　損害の回避　*148*
▎3　Employerが有する請求権　*148*
　(1)　FIDICの規定内容　*148*
　(2)　親会社保証（Parent Company Guarantee）　*149*
　(3)　Performance Bond　*150*
　(4)　相　殺　*152*
　(5)　ジョイントベンチャー（JV）　*152*
▎4　Contractorが有する請求権　*153*
　(1)　Employerとの関係　*153*
　(2)　Subcontractorとの関係　*154*
▎5　保　険　*155*

第10章　ジョイントベンチャー（JV）　*157*
▎1　はじめに　*157*
▎2　JVの形態に関する視点　*158*
　(1)　構成員から独立した法人　*158*
　(2)　組合・パートナーシップ（partnership）　*159*
▎3　Employerの視点　*159*
▎4　Contractorの視点　*160*
　(1)　役割分担等　*160*
　(2)　JV内の意思決定　*161*
　(3)　JVの構成員変更、解消等　*161*
　(4)　他のJV構成員に対する与信等　*162*
　(5)　法的紛争リスクの高さと対応の視点　*163*
▎5　日本と海外との違い　*164*

第11章　紛争の予防および解決　*167*
▎1　総　論　*167*

(1)　はじめに　*167*
　(2)　形式をみる　*168*
　(3)　実質をみる　*169*
　(4)　体制を整える　*170*
　(5)　全体をみる　*171*
　(6)　選択肢を広く把握する　*173*
　(7)　その他留意点　*175*
　(8)　小　括　*179*
2　FIDICにおける「紛争」の定義　*180*
3　当事者による相手方当事者への請求（Claim）　*181*
　(1)　はじめに　*181*
　(2)　1999年版との主な相違　*182*
　(3)　請求の種類　*183*
　(4)　金銭的請求・時間的請求を行うための手続　*184*
　(5)　その他の請求を行うための手続　*188*
　(6)　通知を含む請求の手順とその管理　*189*
　(7)　Engineer/Employer's Representativeによる合意形成と決定の手続　*191*
　(8)　Time-bar条項　*196*
　　　コラム　期間制限徒過を諦めない　*199*
4　DAAB　*200*
　(1)　概　要　*200*
　(2)　FIDICの規定内容　*205*
　(3)　DAABの価値　*212*
　(4)　DAABの価値の要因　*214*
　(5)　DAABの価値を生かすための留意点　*218*
5　仲　裁　*220*
　(1)　はじめに　*220*
　(2)　FIDICの仲裁条項（21.6項）　*221*
　　　コラム　交渉における優先順位付け　*224*
　(3)　建設紛争の特色と仲裁への影響　*226*

- (4) 建設紛争における仲裁人の選び方　*230*
- (5) 仲裁手続の流れ　*233*
- (6) 建設紛争に特徴的な手続上のアレンジ　*235*
- (7) 建設紛争における専門家　*238*
    - **コラム　仲裁の実務と当事者の心構え**　*242*
    - **コラム　国際的な紛争解決における国家主権の壁**　*247*

あとがき　*251*
索　引　*253*
著者紹介　*256*

序章　検討の視座

1　主張するべきことを主張するために必要なこと

　国際的なビジネスの場面で、法的に主張するべきことを主張することは重要であるものの、その実現は容易ではない。経験と試行錯誤が必要である。

　本書においてお伝えできることは、この実現のために有益と考えられる二つの留意事項である。

　第1は、主張するべきことを特定するための視点として、重要性と合理性の二つがあるということである。

　当たり前のことではあるが、重要なことは見過ごすべきではない。この重要性の認識は、多くの場合、法律知識等の専門的知見がなくても可能である。例えば、影響の大きさ、関係者数の多さ、時間的長さ、損害の大きさ等から、認識できる。

　合理性も当たり前のことであり、一般論として、合理的な主張は積極的に行うべきであり、合理的ではない主張は慎重になった方がよい。ただし、この合理性には形式論と実質論の二つの側面があり、このうち形式論は、法的知識がないと判断が難しい可能性がある。実質論の方は、バランス感覚の作用なので、必ずしも容易ではないが、法的知識が無くても判断が可能である。これに対して、形式論の方は、法令、契約、その他のルールに照らして合理的か否かであるため、法的知識が意味を持ち得る。本書は、まさにこの法的知識の基本をお伝えしようとするものである。

第2は、主張は相手とのコミュニケーションであり、合理的な着地を目的とするということである。したがって、自らが主張する一方で、相手の主張を聞かないというのは、もったいないことである。合理的な着地を目指しながら、引くところは引くという意識が必要である。
　法律は、このようなコミュニケーションを促進する手続ないし制度を用意している。この点の知識をお伝えすることも、本書の目的である。
　以上を前提に、次項からは、法的思考における重要な視点を紹介する。

2　実体規定と手続規定

　はしがきでも述べたとおり、法的な思考の枠組みは、それ程多くはない重要な視点から成り立っている。その一つが、「実体」規定と、「手続」規定とを区分するという視点である。例えば、日本の法律において、民法は「実体」規定を中心としており、民事訴訟法は「手続」規定を中心としている。
　ここでいう「実体」規定というのは、当事者の権利義務関係を定めるものであり、訴訟や仲裁における請求は、この「実体」規定を根拠として提起される。例えば、金銭を貸せば、貸主は借主に対して、金銭を返すことを求める債権（権利）を有することになり、裏を返せば、借主は貸主に対して、金銭を返す債務（義務）を負うことになる。貸金返還請求訴訟は、貸主が、この債権に基づき請求するものである。
　これに対して、「手続」規定とは、当事者の権利義務関係を実現するための手続について定めるものである。その代表例が訴訟手続について定める、前記の民事訴訟法の規定である。
　両者の規定は、機能が異なるため、これを区別する視点は有益である。
　契約においては一般に、「実体」規定が定められることの方が多いものの、複雑な契約になると「手続」規定が増える傾向にあるというのが、筆者らの認識である。FIDICにおいては、「手続」規定がかなり多く定められており、これらと、「実体」規定とを区別することが、有益である。
　ただし、FIDICには、この区分が容易ではない規定も含まれている。

法律には、「会社法」のように、組織のあり方を定めるものがあるが、FIDICにも、建設工事をどのような体制で進めるかを定める規定がある。「The Employer」「The Engineer」「The Contractor」の章は、このような体制に関する規定を多く含むものである。

3　権利義務関係の整理

　本書は、「実体」規定からはじめるが、そこでは、権利と、これに対応する義務が定められている。何が問題になる権利ないし義務であるかを意識することは、当たり前のことではあるが、法務に携わる上で重要である。

　また、権利義務は、誰と誰との間の権利義務であるか、換言すれば、その主体を明確にする必要がある。契約によって定められる権利義務であれば、通常は契約当事者間の権利義務である。ただし、建設・インフラ工事契約であれば、下請業者、資材供給者等を含む多数の関係者のもとで、多数の契約が交わされることになる。その結果、権利義務関係が多数の関係者間において複雑に成立することになり、権利義務関係を整理する上で、その主体を明確にすることは重要である。

　この関係で留意するべきこととして、作業を行う主体と、権利または義務が帰属する主体は異なり得る。例えば、下請業者（subcontractor）が作業を行う項目についても、EmployerおよびContractor間の契約上は、当該作業について義務を負う主体はContractorである。下請業者は、Contractorとの間の下請契約上、Contractorに対して義務を負うことになるが、Employerに対して直接義務を負わないというのが基本である。

　また、FIDICのように複雑な契約となれば、同一の契約当事者間においても、関係する権利義務が多岐に及ぶ。そこで重要なことは、「幹」となる権利義務と、周辺的な権利義務とを切り分け、まずは「幹」となる権利義務の内容を正確に把握することである。建設・インフラ工事契約であれば、受注者が発注者に対して建設工事等を行う義務を負い、発注者が受注者に対して代金支払義務を負うというのが、「幹」となる義務である。

　なお、売買契約であれば、「幹」となる義務は、売主の目的物の所有権

移転および引渡義務と、買主の代金支払義務である。賃貸借契約であれば、貸主の目的物を引渡し、借主に使用収益をさせる義務と、借主の賃料支払義務である。雇用契約であれば、労働者の労働に従事する義務と、使用者の報酬支払義務である。このように「幹」となる義務は、通常、契約当事者双方がそれぞれ負い、また、それぞれの義務が対応し、対価の関係にある。双務契約（bilateral contract）といわれる契約関係である。

契約関係を整理する上では、「幹」となる権利義務が、どのような内容で、誰と誰との間に成立しているかを、正確に把握することが、出発点として重要である。

4　その他の視点

(1)　要件と効果

その他の視点としては、「要件」と「効果」を意識することも、多くの場面において有益である。法律のルールは、一定の「要件」が満たされる場合に、一定の「効果」が発生するという形で、定められることが多い。「要件」と「効果」を正確に押さえることは、安定性のある法律論の重要な要素である。

(2)　原則と例外

「原則」と「例外」に対する意識も、非常に有益である。法律および契約は、「原則」としてのルールを定めつつも、それを貫いた場合の不都合に鑑み、「例外」を設け、バランスをとっていることが通常である。

一般的に、「原則」のルールに則った対応や、主張をした方が、相手方や判断権者（裁判官、仲裁人等）に受け入れられやすく、紛争の予防および解決に資することが多い。したがって、まずは、「原則」のルールを意識することが有益である。

ただし、「原則」のルールには限界があり、その限界を超えると「例外」が登場する。「例外」に対する意識も、「原則」の適用範囲を把握するという観点、あるいは、「原則」が不都合な場合の是正を模索する等の観点か

ら、重要な意味を持つことが多い。「例外」の検討は、事態を打開するための主張を生み出し得るものである。

このように適用範囲の広さが異なるため、あるルールに接したときは、これが「原則」のルールなのか、あるいは「例外」のルールなのかを峻別することも、有用である。

(3) 趣旨・目的

権利義務関係等の法律関係は、言葉によって、法文または契約書で定められることが多い。ただし、言葉には曖昧な面があり、いかに明確な表現を志向したとしても、限界がある。また、法文または契約書を、将来のあらゆる可能性を完全に網羅する形で作成することも不可能である。そのため、一定の場面において、法文または契約書の字句(法務の用語として、この文脈では「文言」という用語が用いられることが多いことから、以下この用語による)から適用されるべきルールが一義的には定まらず、その文言を解釈する必要が、不可避的に生じる。

この解釈の場面で重要な意味を持ち得るのが、趣旨・目的である。例えば、この取引の目的は何か、この条項が置かれた趣旨は何か、この原則に対してこの例外が定められた趣旨は何か、といった点が、解釈において重要になり得る。

解釈においてはそのほかにも、契約交渉経緯、契約履行時の状況、当事者間の公平等、様々な事情が考慮され得るが、趣旨・目的が重要な意味を持つことが多いため、この点に対する意識も有用である。

そのほかにも、「手続」規定ないし紛争解決手続との関係で、重要な視点が複数ある。これらについては、**第11章**で改めて解説する。

第1章 幹となる権利義務(1)
──工事等の内容

1 Rainbow Suite

　前記**序章**3において、複雑な契約においては、「幹」となる権利義務が何であるかを意識することが有用であると述べた。FIDICのような建設・インフラ工事契約において、幹となる権利義務は、Contractor（受注者）の工事等を行う義務と、Employer（発注者ないし施主）の代金支払義務である。

　なお、この矢印は権利を有する者から義務を負う者に対して向けている。

　まずは、このうちContractorの義務について解説する。
　FIDICの契約書式には複数の種類があり、それぞれ色によって特定されているところ、基本的にはContractorの義務内容ないし守備範囲によって、以下のとおり種類分けがされている。これらは、様々に色分けされていることにちなんで、Rainbow Suiteと呼ばれている。

- Red Book（Construction）－建設工事および資材、設備等の調達を対象。設計は含まない（設計は、Employer側が行う）。
- Pink Book（Construction, MDB Harmonized Edition）－多国間開

発銀行（MDB）による資金提供を想定して、Red Book を修正したもの。Contractor の義務内容ないし守備範囲は、Red Book と同じ。
- Yellow Book（Plant and Design-Build）－建設工事、資材、設備等の調達、および設計をいずれも対象とする。ただし、設計の概要または性能仕様は、Employer 側が指定する。またプロジェクトのフィージビリティー・スタディー時に得られた地質、海象、天候等の設計条件を入札者に与える場合が多い。
- Silver Book（EPC/Turnkey Projects）－建設工事、資材、設備等の調達、および設計をいずれも対象とする。Employer 側は施設や構造物の最終的機能や性能、見栄え（例えば、製油所であれば、日産 X バレルの石油を精製する能力を持つこと、工場に隣接する芝のサッカー場を備えること）等の要求項目を提示するが、設計に関与する必要はない。Employer 側が、Yellow Book 同様、フィージビリティー・スタディー時に得られた設計条件を入札時に提示することがあるが、入札者、後の Contractor は自らこのデータを検証（verify）しなければならない。すなわち、設計の概要または性能仕様の段階を含めて、Contractor が設計を行う。
- Gold Book（Design, Build and Operate Projects）－建設工事、資材、設備等の調達、および設計をいずれも対象とし、さらに完成後の運用（オペレーション）も対象とする。

前記の区分において重要な視点は、設計を Employer および Contractor のいずれが行うかである。Red Book および Pink Book においては、設計を Employer が行い、Yellow Book、Silver Book および Gold Book においては、設計を Contractor が行うことになっている。ただし、Yellow Book は中間的な性質であり、前記のとおり、設計の概要または性能仕様は、Employer 側が指定する。

前記のうち、実務でよく用いられているのは、Red Book、Yellow Book および Silver Book の三つである。本書では、このうち Red Book の 2017 年版を主に念頭に置いて解説を行うこととし、特に断りがない限り、引用条項は同 Red Book のものとする。ただし、Yellow Book およ

び Silver Book の 2017 年版にも、適宜言及することとする。さらに、これらの 2017 年版については、一部の条項を改訂する 2022 年再版（reprint）が存在する。2022 年再版は、2017 年版とは別の新しい書式としてではなく、2017 年版の条項の趣旨を明確化し、より良質な書式とすることを目指して刊行された。本書では、2022 年再版による改訂のうち、比較的重要性が高いと思われるものについても、適宜言及することとする。

　なお、Contractor の「幹」となる義務に関しては、その納期ないし履行時期も重要な意味を持つ。特に、大規模なプロジェクトであればあるほど、工事等が遅れ、当該設備の利用開始時期が遅れれば、そこで予定されていた経済活動等も遅れることになり、多大な損失となり得る。この点については、**第 5 章**において解説する。

2　設計は Employer および Contractor のいずれが行うべきか

(1)　design-bid-build と design-build（turn-key）

　前記のとおり、設計を誰が行うかは、重要なポイントである。Employer が設計を行う場合は、その設計を前提に、Contractor 選定の入札が行われるため、「design-bid-build」と呼ばれる。

　これに対し、設計を Contractor が行う場合は、設計および工事をともに Contractor が行うことになるため、「design-build」と呼ばれる。また、Employer が行うべきことが限られていることを念頭に、「turn-key」とも呼ばれる。すなわち、Employer が行うべきことは、完成した目的物に鍵を入れて、稼働させることに基本的に限られており、換言すれば、Contractor は直ぐに稼働できる状態まで責任をもって、設計を含め基本的に全てを行うことが求められるという趣旨で、「turn-key」と称されている。

　なお、FIDIC の契約書式でよく用いられるもののうち、「design-build」に該当するのは、Yellow Book および Silver Book である。ただし、Yellow Book においては、前記のとおり、設計の概要または性能仕様は、

Employer 側が指定するため、「turn-key」という呼称は用いられていない。これが用いられているのは、Silver Book である。

Contractor に支払われる代金の決め方には様々なものがあり、追って解説するが、「design-build」ないし「turn-key」においては、固定金額（lump-sum）とされることが多い。この場合、予め定められた一定の金額で、直ぐに稼働できる状態まで目的物を仕上げることを Contractor が約束することになり、Employer は予算の管理がしやすい一方、Contractor はコストの増加による損失を被るリスクを負担することになる。

(2) design-bid-build よりも design-build (turn-key) が優れている点

このように「design-build」ないし「turn-key」は、代金を固定金額とすることによって、Employer の負担およびリスクを抑えることができる。かかるリスクの限定は、Employer に出資ないし融資をする投資家および金融機関にとっても非常に重要なことである。すなわち、資金の拠出者は、リスクと期待利回りを比較して資金拠出の判断をするところ、工事に関するリスクが限定されていれば、かかる判断が行いやすくなり、資金拠出が促進されることになる。近年、「design-build」ないし「turn-key」がより多く用いられる傾向にあるが、その理由としては、これら投資家および金融機関の存在、換言すればプロジェクトファイナンスの存在が大きいと考えられる。

また、設計と工事をいずれも Contractor が行うため、設計担当者と、工事担当者との間の連携がよりスムーズになることが期待でき、これがプロジェクト全体の期間およびコストを圧縮することにつながるとも考え得る。

構造物に瑕疵のある場合においては、設計瑕疵と施工瑕疵の区別を問うことなく、同一の Contractor の責を問えばいいので、Employer にとっては有益である。すなわち、設計瑕疵なのか、施工瑕疵なのかという争点を回避することができる。

(3) design-build（turn-key）よりも design-bid-build が優れている点

　これに対し、「design-bid-build」では、Employer が設計をするため、そのプロジェクトに対するコントロールがより強くなり、目的物が Employer のニーズにより即したものとなることが期待できる。これは裏を返すと、「design-build」ないし「turn-key」では、プロジェクトが Contractor に任せきりという傾向になり、それが Employer のニーズから乖離するリスクを高める要因となり得る。

　また、「design-build」ないし「turn-key」では、特に代金を固定金額とする場合、Contractor が大きなリスクを負担するため、入札が慎重に行われることになり、そこで、「design-bid-build」の場合よりも、入札に多くの時間と労力が費やされる。

　加えて、かかる慎重な入札の結果、Contractor が安全をみてより高い金額を提示することになり、Employer のトータルの経済的負担は、「design-build」ないし「turn-key」の方が、「design-bid-build」よりも多額になりやすいともいえる。この傾向は、入札時に発注者から与えられたデータのリスクも Contractor が負わなければならないことによって、強くなり得る。

　その上、「design-build」ないし「turn-key」で、代金を固定金額として契約を締結した後は、Contractor に、コスト削減のインセンティブが過剰に働く可能性もある。すなわち、Contractor の利益は、決められた固定代金額から、コストを控除したものとなるため、コスト削減が直に Contractor の利益となる。このインセンティブが過剰に働くと、設計および工事の質が犠牲となり、後にトラブルになることが懸念される。

　以上のとおり、いずれの方式にも一長一短があり、一概に優劣は決め難い。プロジェクトごとに、いずれが望ましいかを考える必要がある。

3 Contractorの義務内容の解釈

(1) 契約解釈の必要性

契約書の明確性、網羅性等には限界がある。そのため、一定の場面において、契約書の文言からは適用されるべきルールが一義的には定まらないことが不可避的に生じ、契約の解釈が必要になる。

特に、Contractorの幹となる義務は、大規模かつ複雑な工事等を行う義務であるから、前記の解釈が必要となる場面が多々考えられる。なお、一つの留意事項として、契約書には、様々な付属書類が設けられることがあり、その場合には、付属書類の名称にかかわらず、基本的にはその全てが一体として契約書を構成する。

本項においては、Contractorの幹となる義務を念頭に、FIDICにおいて定められた、またはFIDICに関連する契約解釈のルールについて解説する。

(2) fitness for purpose

a 概 要

序章4(3)のとおり、契約解釈における一つの要素として、趣旨・目的が重要な意味を持つ。これに関連するFIDICの重要な定めとして、Yellow BookおよびSilver Bookにおいては、fitness for purposeの義務がContractorに課されている（各4.1項）。

前記**2**のとおり、設計をContractorが行うのか、Employerが行うのかが重要な区分となっており、Red BookではEmployerが行うのに対し、Yellow BookおよびSilver Bookでは、Contractorが行うこととなっている。この区分を受け、Yellow BookおよびSilver Bookでは、Contractorの義務として、工事等が、Employerの要求仕様（Employer's Requirements）または一般に要求される目的に合致しなければならないとされている。すなわち、契約書で個別具体的に定められていなくても、かかる目的を実現するために必要であれば、Contractorはそれを実現しなければならないということである。例えば、日産Xバレルの石油を精

製する製油所の建設工事であれば、当該精製能力を有する製油所を完成させることが、Contractor の義務として求められる。Yellow Book および Silver Book では、Contractor が、かかる目的を実現するために、設計を行い、資材を調達し、工事等を行うことになる。

　これに対し、Red Book では、Contractor は、原則として、fitness for purpose の義務を負わず、Employer から提示された設計に従い、工事等を行うことになる。例外は、Contractor に、契約上一部の永久構造物の設計義務が課される場合であり、この場合は、当該一部分について、fitness for purpose の義務が Contractor に課される（4.1(e)項）。

　　b　義務の厳格性

　国際的な建設契約およびその紛争解決の実務では、英国法が強い影響力を持っているところ、同法のもとでは、Contractor に課されている fitness for purpose の義務は極めて厳格とされている。

　例えば著名な英国判例である *Greaves and Co (Contractors) Ltd v Baynham Meikle and Partners*[1] によれば、Contractor は、合理的な注意（reasonable care）を払うだけでは足りず、目的に合理的に合致していることを確保することが義務付けられている。

　また、別の著名な英国判例である *Viking Grain Storage v T.H. White Installations Ltd*[2] によれば、fitness for purpose の義務が明確なもの（simple and certain standard）であり、その未達があった場合には、原因が施工に由来するか、資材に由来するか、設計に由来するかは問題にならず、いずれにせよ違反になる。換言すれば、Contractor は、施工、資材および設計のいずれについても、責任とリスクを負担する。

　なお、fitness for purpose は、全体的に問題となる場合と、部分的に問題となる場合とがある。例えば、全体的に問題となる場合とは、日産 X バレルの石油を精製する能力を持つことが求められる製油所において、当該能力が実現していない場合である。これに対して、部分的に問題になる

---

1)　[1975] 1 W.L.R. 1095 at [1098].
2)　[1986] 33 B.L.R. 103 at [117].

場合とは、一定の見栄えが求められる建造物において、その一部分において、見栄えが不十分な場合である。状況の深刻さとしては、当然のことながら、全体的な問題の方が、通常はより深刻である。ただし、全体的な問題の場合も、fitness for purpose の実現を妨げる要因が絞り込まれることによって、工事全体のやり直しではなく、部分的な対応の組み合わせによって、fitness for purpose が実現されることが通常である。

c 国際的なスタンダードに誤りがあった場合

他の英国判例で、fitness for purpose の義務の重さを示すものとして、*MT Hojgaard A/S v E.ON Climate and Renewables UK Robin Rigg East Ltd*[3]は、Contractor が国際標準（international standard）に従った場合であっても、すなわち、当該国際標準に誤りがあり、その結果 fitness for purpose が未達になったとしても、Contractor は義務違反を免れないとしている。Contractor は、依拠する国際標準の正確性も検証し、その不正確性ゆえに fitness for purpose が未達になる事態は、避けなければならないということである。

d Employer の誤り、承認等があった場合

もっとも、Employer の要求仕様（Employer's Requirements）において、fitness for purpose の定義に関する誤りがあり、その結果、本来の Employer の目的が実現しなかったとしても、Contractor は義務違反とはならない。これは、Yellow Book および Silver Book における fitness for purpose の義務における例外のルールである（各5.1項参照）。なお、原則のルールと例外のルールの区別を意識するべきことは、前記**序章4(2)**のとおりである。

これに対し、Contractor の提案を、Employer 側が承認したというだけでは、Contractor は責任を免れ難い。前記 *MT Hojgaard A/S v E.ON Climate and Renewables UK Robin Rigg East Ltd* においては、fitness for purpose の義務が課される場面において、設計の誤りは Contractor が負担するリスクであるとされている。すなわち、Employer 側と

---

3) [2017] UKSC 59, [2015] EWCA Civ 407 and [2014] EWHC 1088 (TCC).

Contractor の双方が設計の誤りを看過した場合（具体的には、Contractor による誤った設計を Employer が承認した場合）には、Contractor が責任を負う。この点からも、Contractor が負う fitness for purpose の義務の重さがみてとれる。

　この Employer 側の承認については、Contractor が法的意義のあるものと考える可能性があり（つまり、この承認によって、リスクが Employer 側に移転したと考える可能性があり）、トラブルのもととなり得る。そこで、トラブルを避けるために、Employer の承認にはリスク移転の効果はないことを契約書に明記しておくか、あるいはリスク移転の効果を認めるのであれば、一定の方式で行われた承認に限ること（例えば、Employer の権限ある者が署名した書面による承認である必要があり、それ以外の承認ではリスクが Employer 側には移転しないこと）を明記することが、基本的には望ましい。

　英国法に限らず、一般的に fitness for purpose の義務は重いものと認識されており、契約書の定め方として、かかる義務が課されるか否かは重要な意味を持つ。というのも、契約書に明確に定められていないことについても、義務を負うか否かということであり、義務の範囲が大きく広がるか否かにかかわるためである。契約書に関する一つの重要な留意事項といえる。

(3)　法令遵守の義務

　契約書において具体的に明示されていなくても履行する必要があること、という意味において、法令遵守の義務は、前述の fitness for purpose の義務と類似する。Red Book の 1.13 項は、Contractor および Employer の双方が、適用される法令を遵守して、契約を履行しなければならないと定めている。

　法令遵守の義務の関係でよく問題になるのが、工事場所の地元の法律（国内法、条例等）である。特に、Contractor が地元ではなく、海外から来ている場合、地元の法律に通じていない可能性が高い。そこで、Contractor が通常のやり方で設計または工事を進めると、それが地元の

法律に抵触することがある。しばしば生じる問題である。

その場合の責任の所在であるが、原則は、Contractor の責任である。換言すれば、Contractor は、地元の法律も調査し、それに従う形で、設計および工事を行う義務がある。そのために、地元の業者の協力を得ることが多くなる。

ただし例外として、FIDIC は、以下の各点は Employer の責任と定めている（1.13項）。

- 工事のために必要な設計、区画、建設等の許可、資格、公的承認の取得
- 仕様書において、Employer が取得すると定められた許可、資格、公的承認の取得

もっとも、前記の「工事のために必要な設計、区画、建設等の許可、資格、公的承認」は、文言として必ずしも明確ではない。そこで、法令遵守について、いかなる範囲が Employer の義務ないし責任であり、いかなる範囲が Contractor の義務ないし責任であるかは、できれば契約書類で具体的かつ明確に定めることが望ましい。

なお、法令遵守に関する前記の内容は、Yellow Book（1.13項）および Silver Book（1.12項）でも共通である。

(4) 契約書類間の優先順位 (priority of documents)

FIDIC は契約書式であり、工事等の内容を詳細に定めている訳ではない。具体的な工事等の内容は、案件ごとのもので、個別に設計図書等によって定められる。前記のとおり、契約書の付属書類が一体として契約内容を構成するところ、設計図書等はかかる付属書類として、Contractor が負っている「幹」となる義務の内容を規定することになる。

FIDIC が想定する大規模な工事等においては、このような付属書類が大量になり、その相互間で不一致が生じることも考えられる。そこで、FIDIC では、各書類間の優先順位を定めており（1.5項）、不一致がある場合には優先順位が高い方の契約書類の記載内容を、契約内容とすることになる。

なお、契約交渉の過程で作成された会議議事録（minutes）が大量に、契約書に添付されていることがある。その法律的な位置付けは不明確であるため、望ましくないことであるが、契約書の文言を精緻に詰めることが難しい中で、妥協の手段として行われていると考えられる。

この会議議事録の扱いは、この点に関する契約書の規定の有無および内容、契約書において定められた依拠する国の法律（準拠法）等によって、事案ごとに判断されることになる。基本的には、契約書に添付されている以上、何らかの形で考慮される可能性が高く、契約合意書その他の契約図書の内容と抵触し、将来の紛争の種となる場合がしばしばある。

これは、整合性ある契約書類が作成されていないという状況であり、法務チェックが行われなかった結果と考えられる。例えば、時間が限られる中で、夜を徹して価格等の主要契約条件に焦点を当てた交渉が行われ、法務チェックまで手が回らなかったということも考えられるが、時間が限られた契約交渉であっても、長期間にわたる重要な契約を締結していることは看過するべきでない。すなわち、時間的なプレッシャーの中で、法務チェックの優先度を下げることは、トータルで考えると、トラブルの発生等のより大きな不利益となり得るため、危険なことである。

(5) FIDICにおけるその他の契約解釈に関する規定

FIDICでは、解釈の余地を狭めるため、換言すれば法律関係の明確化のため、用語の定義に関する詳細な規定を設けている（1.1項）。

また、解釈（Interpretation）との標題の規定が設けられており（1.2項）、例えば、単数形・複数形にかかわらずいずれの場合も含み得ること、合意（agreement等）が書面による合意を意味すること等の細部に渡る事項が定められている。

(6) 各準拠法における契約解釈ルール

国際的な契約では、その契約がどの国の法律に従って解釈その他の判断をするかを定める必要がある。これが準拠法の規定であり、その規定がないと、準拠法をめぐる争いが生じてしまう。

FIDICの契約解釈は、準拠法の解釈ルールに依拠することになるため、争いが生じた場合等においては、その内容を参照することが必要となる。その場合、その準拠法の国の弁護士に意見を求めることになる。

　もっとも、契約解釈のルールは、筆者らの知る限り、基本的にはどの国においても、契約書の記載ないし文言を重視することと、当事者の意図を探求することの二点においては共通している。したがって、実際に準拠法がどの国の法律であるかによって、契約解釈の帰結が大きく異なる場面というのは必ずしも多くはない。

　なお、日本法では、契約の解釈において、一般的に重視されるものとして、①当事者の目的、②慣習、③任意法規、④信義則が挙げられている（川島武宜＝平井宜雄編『新版 注釈民法(3)　総　則(3)』（有斐閣、2003年）68頁〔平井宜雄〕）。

　まず①については、**序章4(3)**において述べたとおり、趣旨・目的が重視されるということである。

　次に②および③については、一般的にどのように扱われているか、定められているかを考慮するというものである。任意法規というのは、強行法規に対応する概念で、法令の規定のうち、契約当事者間の合意で、異なる内容を定め得るものであり、換言すれば、契約当事者間で合意がない場合に適用される法令の規定である。例えば民法の規定の多くは、この任意規定である。これに対して、強行法規というのは、契約当事者間の合意で異なる内容とできない法律の規定であり、換言すれば、必ず従わなければならない法令の規定である。例えば行政規制の多くは、強行規定である。

　最後に④の信義則は、基本的には、契約当事者間の公平ないしバランスを考えるというものである。実質的にみて、落ち着きのよい解釈を志向する視点といえる。

4 シビル・ロー（civil law）とコモン・ロー（common law）における契約解釈の違い——信義則

(1) はじめに

前記3(6)において、国際的な契約であるFIDICの契約解釈は、準拠法の解釈ルールに依拠することになると述べた。そして、契約解釈の基本的なルールは、契約書の記載ないし文言を重視することと、当事者の意図を探求することの二点において、どの国でも概ね共通しており、準拠法によって契約解釈の帰結が大きく異なる場面は多くないことも述べた。法が合理的解決を導こうとする限りにおいて、どの国でもルールが共通するのはむしろ当然のことといえよう。

ただし、準拠法によって、契約解釈の原則についての考え方が大きく異なる場面は存在する。そのよい例が、シビル・ローの国とコモン・ローの国における、信義則（good faith principle）の取扱いの違いである。

シビル・ローとは、体系化された法典による成文法システムを指す。日本はシビル・ローの国であり、他にもドイツ、フランス、中国、ロシア、エジプト等で採用されている。契約関係の主要な点についても成文法に定めがあるため、契約書においては、成文法と異なる内容や、成文法と同じであっても特に強調したい内容を定めることが主眼となる。ゆえに条文数の少ない、短い契約書が交わされる傾向にある。

これに対して、コモン・ローとは、簡単にいえば、裁判例の積み重ねによって構築された不文法システムのことであり、代表的には、英国、米国、オーストラリア、香港、シンガポール等の国で採用されている。契約関係についての体系的な定めがないため、契約書において一から十まで定めようとするのが基本であり、ゆえに契約書が大部となる傾向にある。

(2) シビル・ローにおける信義則

シビル・ローにおいては、信義則は法の基本原則の一つとされ、また、契約解釈の重要な指針とされる傾向にある。日本法を例にとってみると、民法が明示的に「権利の行使及び義務の履行は、信義に従い誠実に行わな

ければならない」と定めている（民法1条2項）ほか、建設プロジェクトとの関係では、個別法にも信義則が定められている（建設業法18条）。実際に、日本の裁判所は、信義則に基づいて、契約に定めのない当事者の義務を認定したり、逆に契約上認められた権利行使の範囲を限定したりする解釈を行うことがある。FIDICのような国際的な書式に基づく契約の解釈においても、日本法のもとでは、信義則を根拠として同様の解釈が行われる可能性は十分に考えられる。

前記のような解釈方針は日本に限ったものではなく、例えばスウェーデンでは、信義則に基づき、追加工事の通知義務という、契約には定めのない義務がContractorに課された例がある。

また、シビル・ローのもとでは、契約に信義則に関する明示的な規定がなくとも、法の基本原則としての信義則は適用されることが前提となる。FIDICには信義則に関する規定はないが、シビル・ローの国で使われることも多いため、信義則の適用があることを前提とした解釈論が展開される場面も見受けられる。

(3) コモン・ローにおける信義則

一般的に、コモン・ローの国は信義則に馴染みが薄く、適用するとしても限定的に行う傾向にある。例えば、英国法においては、伝統的に、契約当事者間の信義誠実義務という概念に対する抵抗が強い。これは、英国法が、個々の事例に沿った個別の解決をはかるアプローチを好むことや、信義誠実義務の介入によって契約の内容が不明確になるのを危惧すること等が理由であるといわれている。したがって、英国法のもとでは、信義誠実義務を根拠として契約に定めのない義務を認定することや、権利行使の範囲を限定することは、シビル・ローに比べてハードルが高くなると考えられる。ただし、近年、英国においても、当事者間に相互関係が構築されるような契約については、信義誠実義務をやや緩やかに受け入れるような動きがみられた（*Yam Seng PTE Ltd v International Trade Corporation Ltd* [2013] EWHC 111 (QB)）。大規模プロジェクトにおける建設契約は、ContractorとEmployerの間に年単位での相互関係が構築されるものであり、こう

した新しい考え方の対象となり得るが、建設紛争実務への影響については、判例の蓄積を待つこととなる。

前記に鑑みれば、コモン・ローのもとで信義則に依拠しようとする場合には、契約において明示の規定を設け、信義則の適用範囲やその効果を可能な限り具体的に定めておくことが基本的には望ましい。なお、FIDICと異なり、英国の業界団体が発行しているJoint Contracts Tribunal (JCT) およびNEC 4 Engineering and Construction Contractの契約書式には、当事者に信義誠実義務を課す趣旨の規定が含まれるものがある。

(4) Contra proferentem ルール等による対応

前記のとおり、コモン・ローにおいては、個々の事例に沿った個別の解決が好まれる。すなわち、信義則という大きな概念に依拠するのではなく、当該事例に適用できる個別のルールを適用して、取引の公正をはかろうとする。contra proferentem ルールは、契約解釈の場面における個別ルールの一つである。

同ルールの内容は、要約すれば、契約の文言が不明確な場合、同文言を作成または提案した当事者に不利に解釈するというものである。すなわち、契約の文言は、本来明確にするべきであり、これが不明確な場合には、そのような文言を作成または提案した当事者に不利益を課すという考え方である。この考え方のもとでは、当事者が契約の文言を明確にするインセンティブを持つことになり、実務全般において、契約の文言がより明確になることも期待できる。

建設契約との関係では、Contractorが契約に定められた期限内に通知や請求を行わなかった場合に、工期延長や費用をEmployerに請求する権利を失う旨の規定（いわゆるtime-bar provision）の解釈において、contra proferentem ルールがよく議論される。コモン・ローのもとでは、契約で明確にtime-bar provisionが定められている場合には、一般的にその有効性が認められているが、規定ぶり次第では、contra proferentem ルールに基づいてContractorが請求権を失わないと判断される可能性はあろう。

また、信義誠実義務そのものではなくても、契約に明示的な定めのない義務が認定されることは、コモン・ローのもとでもあり得る。これは、implied terms と呼ばれ、明示的な契約文言の解釈を補足する形で機能するものであるが、その内容は次項で取り扱うこととする。

5 契約に明示的な定めのない権利義務の認定 (implied terms)

(1) コモン・ローのもとでの implied terms

シビル・ローとコモン・ローの差異については、前記 4 において概要を述べたとおりであるが、契約関係についていえば、コモン・ローのもとでは、契約書によって一からこれを構築しようとするのが基本である。したがって、契約当事者の権利義務も、基本的には契約書に定めるとおりとなるが、例外的に、契約に明示的な定めのない権利義務が契約に読み込まれる場面が存在する。具体的には、慣習や当事者間の過去の取引実態、契約締結時の当事者の合理的意思解釈、個別の法令等に基づき、当事者が明示的に合意していない内容が契約条件として認められることがあり得る。かかる黙示の契約条件（implied terms）は、前述の信義誠実義務を包含し得るものであるが、完全に重なるのではなく、むしろ、コモン・ローにおいては信義誠実義務より広い概念であるといえる。

以下では、原則としてコモン・ローにおける implied terms について説明するが、シビル・ローのもとでも黙示の契約条件が認定されることはあり、なおかつ、成文法や一般的法原則に基づいてコモン・ローよりも柔軟な認定が行われ得ることを付言しておく。

(2) Implied terms の典型例

典型的な implied terms には、下記のようなものが含まれる。なお、これらの契約条件を認定する際には、契約当事者の意思や契約の客観的意義が根拠とされる（すなわち、かかる条件が当事者の意思や契約の客観的意義を反映していると判断される）ことが多い。

①　相手方当事者による契約の履行を妨害しない義務
　②　契約上の裁量を恣意的に行使しない義務
　③　契約当事者が相互に協力する義務

　かかる義務は、シビル・ローのもとでの信義則に基づく義務と類似した性質を持つものである。いい換えれば、信義則という包括的な法原則がないコモン・ローのもとでも、implied terms により、結果的に類似の義務が認定される可能性はあるということになる。

　もっとも、契約当事者間の関係を一から契約書によって築こうとするコモン・ローにおいては、単にビジネスの観点から合理的な結果を導くために implied terms が認定されることはない。すなわち、契約上の明示的な条件に従えば、一方当事者が著しく多額の費用を負担することになる等、ビジネス的に極めて不合理な結果が生じる場合でも、その結果を変えるために implied terms が認められるわけではないことに注意が必要である。

(3)　建設契約における implied terms
a　概要

　Employer と Contractor が長期にわたってプロジェクトの完成を目指す建設契約においては、一般に、Employer が Contractor の義務の履行を妨害しない義務や、相互の協力義務が implied terms として認められるとされる。

　これは FIDIC においても同様であり、例えば、1999 年版の Yellow Book をベースとした契約の Employer による解除が問題となった英国の事案では、Employer が Contractor に対して義務違反の治癒を求める通知を行った後に、Contractor による当該義務違反の治癒を Employer が妨害した場合には、同義務違反を理由とした解除は許されないとの見解が示されている[4]。

---

4)　*Obrascon Huarte Lain SA v Her Majesty's Attorney General for Gibraltar* [2014] EWHC 1028 (TCC).

b Fitness for purpose との関係

　Contractor が設計および工事の両方を行う design-build の契約では、前記 3(2) の fitness for purpose の義務が implied terms として認定されることがあり得る。とりわけ、契約において工事等の目的が明確に特定されている場合には、Contractor が fitness for purpose の義務を負っていると認定されやすくなる。

　FIDIC においては、Yellow Book および Silver Book に fitness for purpose の明文の定めがあり、Red Book でも、部分的にではあるが、明文で fitness for purpose の義務が課されている。明文がある以上、implied terms の認定を待つまでもなく、かかる義務は存在することとなるが、非常に厳格な義務であることから、その存在を問題視する Contractor は珍しくない。

　もちろん、Contractor が Employer に対して交渉力を持っている場合には、明文で fitness for purpose の義務を排除することは可能である。その場合、Contractor としては、工事等の履行につき、いかなる義務が適用されることになるかを明確に定めておくことが肝要である。例えば、工事等が目的に合致するという「結果」に対する義務である fitness for purpose に代えて、工事等に際して reasonable skill and care を発揮するという「過程」に対する義務を定めれば、負担の緩和につながり得る。

　ただし、fitness for purpose という文言を使用しない場合でも、これと同様に「結果」に対する義務を課す文言が残っていれば、Contractor の負担の緩和とはならないことに注意する必要がある。例えば、工事等が「suitable for the purposes」であることや、「compliant with the Employer's requirements」であることを約束する文言は、fitness for purpose の義務が定められている場合と同じ結果を招きかねない。また、単に fitness for purpose の条項を削除しただけでは、結局 implied terms により fitness for purpose の義務が認定される可能性もあるため、Contractor の視点からは、明文で fitness for purpose の義務を排除することに加え、明確な代替条項を定めておくことが重要となる。

6　完全合意条項

(1)　概　要

　完全合意条項は、英語では Entire Agreement Clause と呼ばれ、国際的な契約でしばしばみられるものである。様々なバリエーションがあるが、共通項としては、契約当事者間の法律関係を明確化し、無用な紛争を回避することが目的であることと、そのために、当該法律関係を契約書においてできる限り定め、その内容確定のために、契約書以外の書類や事実関係はできる限り参照しないようにすることを企図していることが指摘できる。

　このように合理的な目的のある条項であり、有益なことが多いと考えられるが、以下のとおり、法的な効果が複数あるため、どの効果を求めるかを明確に意識しながら、完全合意条項を定めるべきである。

(2)　事前の合意に基づく契約条項の修正ないし変更を排除すること

　これは、事前の合意を理由として、契約書の文言に反する解釈を許さないという定めである。例えば、契約書の作成前に別途異なる合意内容で書面を作成しており、その書面が正しく、契約書の内容が誤りであると主張しても、その主張は排除されることになる。

　契約書の文言に安定性を持たせる観点から、基本的に望ましい定めといえるものの、この定めがないとしても、契約書の文言は、特に企業間取引においては、基本的に尊重される。したがって、実際にこの定めが意味を持つ場面は、必ずしも多くないと考えられる。

(3)　事後の合意に基づく契約条項の修正ないし変更の要件（遵守が必要な手続）を定めること

　事前の別途の合意は、前記のとおり完全に排除できる。これに対し、事後の合意を完全に排除することはできない。事後的に事情が変わり、契約条項の修正ないし変更が必要となる可能性が、否定できないためである。

もっとも、担当者間の口頭でのやり取りで、契約条項が修正されたか否かというような争いは、排除することが望ましい。そこで、事後の合意に基づく契約条項の修正ないし変更の要件として、換言すれば、当該修正ないし変更のために必要な手続として、契約当事者双方の権限ある者が署名した書面による合意がない限り、契約条項が修正されない等と定めることが多い。このような定めは、無用な争いを回避する観点から、基本的に望ましいといえる。前記(2)の定めと異なり、実際に意味を持つ場面も、相応に考えられる。

　別の要件の定め方として、FIDIC の Red Book および Yellow Book においては、Engineer（エンジニア）しか Instruction（指示）を出せないし、Variation による契約内容の変更を認めることはできない（Engineer については、追って別の章で解説する）。すなわち、契約当事者である Employer および Contractor 間で、指示ないし契約内容への変更承認をしたとしても、原則として法的効力を有しない定め方となっている（法的効力を持つには、所定の手続による Amendment（契約の変更）が必要である）。

　実際には、Employer が Contractor に対して、様々な指示を出すことがあるものの、前記のとおり、このような指示等によっては契約内容が変更しないことが明らかにされている。これにより、契約内容がより明確になるとともに、Contractor としては、かかる指示等に従う必要がないことの理論的根拠を得ることになる。

　ただし他方において、Contractor としては、前記各ルールのもとでは、所定の手続によらない、口頭でのやり取りや、Employer からの指示等によっては、自らの立場を守れないことに留意する必要がある。例えば、実務上、Employer 側の様々な要望に従うことの積み重ねの結果、当初の設計から変更になることがある。これも所定の手続に従っていなければ、Contractor としては、設計と異なる工事をしたとして契約違反の責を問われたり、正式な Variation ではないとして工期延長や増加費用の請求を拒否されたりするおそれがあるため、留意が必要である。

(4) 黙示的な表明、保証等の義務ないし責任を排除すること

　契約書に定められていなくても、一般的に適用される法令によって、当事者間に権利義務関係が発生する。日本法でいえば、工事の請負契約を締結すると、契約書に定めがない事項については、民法の請負、契約総則、債権総則、民法全体の総則等の規定が適用される。

　これは、見方を変えると、契約書によって、民法等の規定内容を修正しているということである。すなわち、民法等が定める法律関係が所与のものとしてあるところ、契約書を作成することによって、重なる点については、契約書の内容が優先し、民法の規定は適用されないことになる。これに対し、契約書の定めがないところでは、引き続き、民法の規定が適用されることになる。

　余談であるが、このように日本法の契約書は適用法令を前提として作成されるため、その作成作業に際しては、六法等を用いて、民法、商法等の適用法令を参照し、このうち契約書によって何を修正し、何を維持するかを意識することが重要である。

　日本法以外においても、契約書とともに一般法令が適用され得るのであり、したがって、契約書に定められていない表明、保証等の義務ないし責任が、一般法令によって生じる可能性は否定できない。

　加えて、契約書の解釈として、明示的に規定されていない表明、保証等の義務ないし責任を導くことも、不可能ではない。契約解釈においては当事者の意図を探求するアプローチがとられることが多いところ（日本では、「合理的意思解釈」等と称される）、このアプローチからは、契約書の文言から離れた、黙示的な表明、保証等の義務ないし責任を導くことも可能である。

　これらは、義務ないし責任を負う側からすると、予測可能性が低いリスクとなるため、排除を望むこととなる。そこで、表明、保証等の義務ないし責任は契約書で網羅的に定めることを前提に、明示的に規定されていない（すなわち黙示的な）表明、保証等の義務ないし責任の排除を定めることがしばしばある。

　このような定めが望ましいか否かは、立場により大きく異なり、

Contractorのように表明、保証等の責任追及を受ける可能性が高い当事者からすれば、このような定めは望ましく、逆に、Employerのようにかかる責任追及をする可能性が高い当事者からすれば、このような定めは望ましくない。中立的な観点からは、表明、保証等の義務ないし責任を契約書で網羅的に定めきることが現実的にできるか否かが、一つの判断要素であるが、一概には決め難い事項である。

(5) 契約締結時までに作成された証拠を排除すること

以上は、完全合意条項が、実体的な権利義務の内容に関して効果を有する場合であるが、裁判または仲裁における手続的なルールとして効果を有する場合がある。具体的には、契約締結時までに作成された証拠を排除することが明文の条項として定められている場合に、かかる法的効果が認められる場合である。前記(2)の場合と意図するところは類似するが、これを証拠排除という手続的な方法によって実現しようとするものである。

なお、かかる定めは、基本的には、英米法系の証拠法を前提としており、日本法ではあまりみられない。日本法では、民事事件では証拠法は緩やかであり、基本的にあらゆる証拠が審理の対象となることも、その背景にあると考えられる。

(6) 小　括

以上、完全合意条項には、様々なバリエーションがあり、法的効果も複数のものがある。この中で、契約ごとに適したものを検討することになるが、一つ留意するべきこととして、完全合意条項にも限界がある。それは、契約書の限界であり、契約書の文言からは適用されるべきルールが一義的には定まらない場面が不可避的に生じること、換言すれば、契約の解釈が必要になることである。完全合意条項を定めたからといって、この限界が消えるわけではない。

すなわち、完全合意条項は、以上述べたとおり、契約の解釈にまつわる争いを回避ないし軽減するするものではあるが、契約の解釈自体を否定するものではない。契約書の文言だけで決めきれない場合は、完全合意条項

のもとでも基本的には、契約書外の事情を一定程度考慮の上、契約の解釈が行われることになる。

したがって、完全合意条項を定めたとしても、契約文言の明確化が必要であることに、何ら変わりはない。

> **コラム**　　大規模な建設・インフラ契約の難しさ——不完備性

(1) 不確定要因の存在と対応の視点

FIDIC は、大規模な建設・インフラ工事において広く用いられているところ、このようなプロジェクトでは、契約図書の数も膨大となり、図面、仕様書、契約条件書等、全ての内容に整合性を持たせることは、不可能ではないにしても多大な時間と費用がかかる。ある一定の時間と予算のもとで契約図書を完成するためには、完全な整合性は犠牲にならざるを得ない。

また、建設・インフラ工事においては、多様な不確定要因が避けられない。例えば、地質条件、その他の自然条件、適用される法律の改廃等があり、これらのリスクにより生じる全ての状況を、予見した上で契約の中に記述することは、現実には不可能である。このうち地質条件については、ボーリング等の調査を行うと考えられるが、所要コスト等を考えると、調査は部分的なものにならざるを得ず、地質条件を事前に、完全に把握することは現実的ではない。

以上二つの意味において、建設・インフラ工事契約は不完備契約とならざるを得ない。その結果、契約当事者間において、リスクないし費用の負担に関し疑義が生じることが頻繁に起こり、これが紛争に発展することも多い。

本章では、幹となる権利義務のうち、Contractor の義務を確認しているが、その内容を予め確定しきることは、以上の二つの理由により、大規模な建設・インフラ工事においては困難である。

(2) リスク分担ルール

ただし、リスク分担のルールを定めることは可能であり、現に行われている。

FIDIC では、例えば、適用される法律の変更により工事の遅延ないしコスト増が生じるリスクについては、Employer が負担すると定められている（13.6項）。これは、Red Book、Yellow Book および Silver Book のいずれにおいても共通するリスク分担ルールである。

もっとも、リスク分担ルールは、定性的な定めにとどまり、具体的な日程として延長された工事の期限を定めるものではなく、具体的な金額として増加した代金額を定めるものでもない。これらは、契約締結時に

定められるものではなく、契約締結後に生じた事象を踏まえて、事後的に定める必要がある。すなわち、リスク分担ルールは、疑義が生じた場合にその解決の方向性を示しはするものの、完全に疑義を解消するものではない。

(3) 変更ルールと紛争解決ルール等

そこで、不完備契約である建設・インフラ工事契約においては、不可避的に生じる疑義にいかに対処し、効率的に解決を得るかが重要となり、変更ルールと紛争解決ルールという「手続」規定が必要となる。

前記序章2において、「実体」規定と「手続」規定を区分することの重要性とともに、複雑な契約になると「手続」規定が増える傾向にあるとの筆者らの認識について述べたが、この点は、複雑な契約が不完備契約であることが多いということから説明がつく。すなわち、不完備契約では、生じ得る全ての状況を把握し、その全てのリスク配分を「実体」規定として確定的に定めることが、不可能である。そこで、変更ルールと紛争解決ルールという「手続」規定を充実させ、疑義が生じる場面に効率的に対処することを企図することになる。契約当事者間において「実体」的な事項に合意できないとしても、「手続」的な事項であれば合意できるということは、思いのほか多い。

さらに、FIDICでは、かかる不完備性に対応するための体制についても規定している。追って説明するEngineerは、その象徴的な例である。また、紛争解決方法として、Dispute Avoidance/Adjudication Boardについて規定しているが、これもそのような体制の一つである。

FIDICを検討する上では、不完備契約であることを念頭に、これらの体制ないし組織に関する規定や、「手続」規定に注目することが有益である。

また、FIDICでは、これらの規定において、工事の円滑な進行が意識されている。換言すれば、不完備性に由来する問題が顕在化しても、工事遅延をできる限り避けることが企図されている。この視点も、FIDICを検討する上で有益である。

以上のFIDICのアプローチは、建設・インフラ工事契約以外の不完備契約においても、基本的に効果的と考えられる。

7　Contractorによる履行の継続的な確認

(1)　継続的な確認の必要性

　FIDICが対象とする大規模で、複雑な工事等は、極めて多くの作業を、長期間にわたり積み重ねて完成する。すなわち、Contractorの幹となる義務は、長期間にわたる極めて多くの作業の積み重ねを要求するものであり、その履行を確認することは容易ではない。結果だけで履行を確認することには無理があり、プロセスとして履行を確認する必要がある。

　その理由の一つとして、工事等の目的物が、日々変化するという点がある。ある時点で発生した問題は、直ぐに確認、対処しないと、その後の工事等の積み重ねの中で隠れてしまう。これは、コンピューターのプログラム、システム等の開発でもみられる特徴である。

　これらの契約では、プロセスとして履行を確保・確認することを怠ると、後に大変なトラブルとなり、その解決に莫大な時間と労力がかかる可能性がある。FIDICでは、かかる観点も踏まえ、以下の規定を設けている。

(2)　Programme・Methods of execution of the Works (so called Method Statement)

　まず、工事等のプロセスを、コンピュータープログラムとして、仕様（Specifications）で定められたソフトウェアを用いて作成することが規定されている。これは、Contractorの義務として定められている（8.3項）。

　また、Contractorは、実際の工事の進捗に応じて、このプログラムを改訂する義務を負っている（同項）。

　このように、FIDICは、コンピュータープログラムを、ContractorとEmployer側との共通言語として、工事等のプロセスを管理することとしている。

　なお、大きな問題となり得るのは、入札見積時の施工計画における想定よりも、実際の作業量が大きく膨らむ場合である。入札見積を短期間のうちに、十分な検討を経ずに行うと、往々にして生じることである。その場合施工計画およびプログラムを大幅に修正する必要があり、また、増加コ

ストの負担という問題が生じる（この増加コストは、Red Book であれば、契約書の定め方（Bill of Quantities（BQ）精算）による。一方、Yellow Book および Silver Book であれば一般的には Contractor が負担することになるが、Employer が負担する余地もあると考えられる）。このような入札見積との乖離はなるべく避けたいものであるが、これを避けることは必ずしも容易ではない。

(3) Documents・Progress Reports

加えて、各種書類を用意することも、Contractor の義務として定められている。

対象となる書類としては、工事等を行うために必要な許認可、完成図書、運用・保守マニュアルが挙げられている（4.4項）。

また、毎月の進捗報告（progress reports）の作成も、Contractor の義務である（4.20項）。

すなわち、FIDIC は、コンピュータープログラムと、書類を併用して、継続的な工事等の履行状況の可視化をはかり、プロセスとして履行を確保・確認することとしている。

(4) Quality Management System・Compliance Verification System

さらに、FIDIC は、Contractor の義務として、契約上求められる品質が確保されていることを示すことを目的に、Quality Management System を導入することを定めている（4.9.1項）。

また、設計、資材、工事目的物等が契約に即したものであることを示すことを目的に、Compliance Verification System を導入することも、Contractor の義務として定めている（4.9.2項）。

(5) 問題が生じた場合の対処

プロセスとして履行を管理するという観点からは、問題が生じたときの対処が重要である。対処の一つは、まずは当事者間で当該情報を共有する

ことであり、FIDIC は、そのような情報共有の義務を複数課している。例えば、不測の事態またはその蓋然性について、関係者間で速やかに情報を共有する義務を課している。義務の対象となる不測の事態とは、Contractor 側の義務の履行に悪影響を及ぼすもの、工事等の成果物に悪影響を及ぼすもの、契約価格の増加をもたらすもの、工事等の完成を遅らせるものである（8.4項）。

また、契約書類の中に曖昧さ（ambiguity）や、不一致（discrepancy）を発見した場合にも、速やかに連絡する義務が、契約当事者に課されている（1.5項）。

8　試験および検収

(1)　試　験

試験（Tests）は、Contractor の仕事について、仕様等に合致しているか否かを判定するための手続である。検収の前提として行われる完成時の試験（Tests on Completion）やその前段階における milestones ごとの試験も重要であるが、工事の進行中の試験も重要な手続である。というのも、前述のとおり、工事の進行中は目的物が日々変化するため、ある時点で発生した問題は、直ぐに確認、対処しないと、その後の工事等の積み重ねの中で隠れてしまう。そこで、工事の進行中に、仕様等に合致しているか、換言すれば問題がないかを確認する試験を行うことに、重要な意味がある。

そのため試験を適切に行う必要があるが、その準備の責任は、Contractor に課されている。FIDIC は、Contractor が試験のための器具、書類その他の情報、水、電気、燃料、消費材、能力あるスタッフ等の一切を準備しなければならないと定めている（7.4項）。また、試験を行う主体は、Contractor である（7.1項）。

ただし、試験は重要な手続であるため、Employer 側に、立会の権利が与えられており、Contractor は、Employer 側が立会を行えるよう合理的期間を置いて、試験の予定日や場所を Employer 側に通知することとされている（7.4項）。さらに、完成時の試験においては、Employer 側に、

試験の手続の適切性を事前に確認する機会も与えられている。すなわち、Contractorは試験予定日の42日以上前に、Employer側に、試験のプログラムを提出しなければならない（9.1項）。また、試験のプログラムにつきEmployer側から契約への不適合が通知された場合には、Contractorは当該通知受領後14日以内に、試験のプログラムを修正しなければならない（9.1項）。

　Contractorは、試験の実施後、Employer側に対し、速やかに試験のレポートを送付しなければならない。合格であった場合には、Employer側はContractorによる合格証を認証するか、自ら合格証を発行する（7.4項）。

　同様に、Contractorは、完成時の試験に合格したと判定したときは、できる限り速やかに、Employer側に試験のレポートを送付しなければならない（9.1項）。Employer側は、試験に契約に適合しない点があると判断した場合には、前記レポートを受領してから14日以内に、その旨をContractorに通知しなければならない（9.1項）。

　完成後の試験不合格の場合、ContractorもEmployer側も、再試験を求めることができる（9.3項）。他方、Employer側が受け入れるのであれば、代金を減額する等した上で、検収に進むという選択肢もある（9.4項）。

(2) 検 収

　検収は、契約の最終局面であり、これが完了すれば、工事等に瑕疵(defect)がない限り、Contractorの仕事は基本的に完了する。なお、瑕疵がある場合については、章を改めて追って解説するが、Contractorは、当該瑕疵を是正する義務を負うことになる（もっとも、義務であると同時に、自らの手で当該瑕疵を是正できるということであり、Contractorとしても、他の業者に高額の代金で当該瑕疵の是正工事が委ねられること、その結果として、当該代金がContractorに請求されることよりは、望ましいという側面もある）。

　Contractorは、検収のためには、基本的に、工事を完成させ、試験に合格するとともに、完成図書、マニュアル等の書類を全てEmployer側

に提出する等、契約上求められる全てのことを尽くさなければならない。この書類の提出というのも、必ずしも簡単なものではなく、特に Silver Book が対象とする turn-key 契約といわれる契約類型では、より負荷のかかる作業となることが多い。

　turn-key 契約では、全般的に Employer の役割が限定される一方、Contractor の役割が広範となり、例えば、Contractor が Employer の従業員に工事目的物（プラント等）の使用方法等について、トレーニングを実施することが検収条件となることも多い。

　工事が遅延した場合には、その損害金（Delay Damages）を完済することが、検収の条件とされることがある。ただし、当該損害金の有無および額に争いが生じることは多々あり、その場合には争いを前提としつつ検収が行われることになる。もっとも、争いを前提としつつ検収を行うには、Contractor にボンド（担保）を提供しなければならないといった負担が求められることもある。また、その争いの解決のために法的手続を経ることは、当事者双方にとって負担である。そこで、検収に当たり、損害金に関する争いを話し合いによって解決しようとする動機が、当事者双方に働き得る。これは、損害金の完済を検収条件とすることの、一つの効果といえる。

　以上のとおり、検収は重要な場面であり、様々な手続が必要とされる。もっとも、これらの手続を経ることによって、問題点の有無が明確となり、後に紛争が発生する事態が回避できるという効果はある。すなわち、意味のある負担といえる。

第2章 幹となる権利義務(2)
——代金支払義務

1　Red Book

　本章では、「幹」となる権利義務のうち、Employer の義務である代金支払義務について解説する。

　この点に関する FIDIC Red Book の基本的な考え方は、Bill of Quantities（BQ）精算であり、概括的にいえば、Contractor は、作業をしただけ支払ってもらえるということである。具体的には、支払請求の対象となる作業につき、BQ で定められた工種単価に出来高数量を掛け合わせて合計金額を算定する（12.1、12.3、14.1項）。

　支払いの手続は、中間支払い（Interim Payment）か最終支払い（Final Payment）かによって異なるが、工事継続中の中間支払いは、基本的には毎月払いである（14.3、14.6、14.7項）。

　BQ 精算は、日本の請負契約の考え方とは大きく異なっている。日本の民法の定めは、「請負は、当事者の一方がある仕事を完成することを約し、相手方がその仕事の結果に対してその報酬を支払うことを約することによって、その効力を生じる」というものであり（民法632条）、作業量ではなく、最終的な仕事の結果に対して代金を支払うことになっている。作業量に応じた代金支払いというのは、日本の契約類型でいえば、準委任契約（法律行為ではない事務の委託、民法656条）の考え方である。

2　Yellow Book および Silver Book

　これに対し、Yellow Book および Silver Book の基本的な考え方は、lump sum である（各14.1項）。これは、日本の請負契約の考え方と同様のものであり、仕事の結果に対して、固定の代金を支払うというものである。実務的には、Schedule of Payments（各14.4項）に従って、工事の作業工程が一定の区切り（milestones）に到達するたび、代金のうちの一定割合を支払うという、分割払いの方式がよく用いられている。例えば、プロジェクトが複数の建物を含むものであれば、1軒完成するごとに代金の何割かを支払う、といった形で定められることがある。

　BQ精算との主な差異は、作業量増加リスクの負担の所在にある。BQ精算であれば、作業量が増えた場合には、代金が増えることになるため、リスクは Employer が負担する。これに対し、lump sum の場合には、作業量が増えたとしても、原則として代金が増えないため、Contractor が同じ代金でより多くの作業を行う結果となるから、リスクは Contractor が負担する。

　これは、Contractor が設計を行う Yellow Book および Silver Book のもとでは、Employer が設計を行う Red Book とは異なり、Employer が Contractor の作業量に対して影響を及ぼし難い建付けになっているためであると考えられる。つまり、Employer が影響を及ぼすことができない中で、Contractor が作業量を増やし、代金額を増額させることは不合理であるとの発想をもとに、BQ精算ではなく、lump sum を採用していると考えられる。ただし、実務上は、Contractor が設計を行う design-build の契約であっても、Employer が図面等を細かくチェックし、設計に対するコントロールを及ぼそうとする例も見受けられるため、Contractor は常に自らの作業量をモニタリングし、代金額との関係で作業が過大になっていないか確認しておくのが賢明といえよう。

　もっとも、Yellow Book および Silver Book においても、代金額を完全に固定するというものではなく、代金の増減の可能性があることは明示されている（各14.1項）。例えば、工事の内容が Employer による Variation

で変更され、Contractor が増加費用を負担した場合には、Yellow Book および Silver Book のもとでも、かかる増加費用は Employer に請求できる可能性があることが前提となっている（各13.3.1項）。また、Yellow Book のもとでは、Employer's Requirements に誤りがあったことによって Contractor が追加費用を負担した場合、通知要件を満たせば、Contractor は Employer に対して当該費用の補償を求めることができる（Yellow Book 1.9項）。

　最終的な結果に対する支払いを前提とする日本の請負契約においても、実際のところ、作業量が増えた場合に、設計変更として代金額を増額することは珍しくない。仮に、契約上は増加分の代金を請求できない建付けになっていたとしても（すなわち、受注者が作業量増加リスクを負担する内容の契約だったとしても）、実務上は、発注者が一定の調整を行うことに同意し、バランスがとられる場合が多いということである。

3　代金の支払いを確保するための条項

　多額の費用をかけて工事等を行う Contractor にとっては、Employer に代金を支払う能力があるか否かは重大な関心事である。特に、支払いの完了までに数年を要するような建設契約においては、代金が期限どおりに支払われることを確保し、支払いの遅延や不払いについての対処方法を決めておくことが重要となる。

　FIDIC は、かかる観点からの条項をいくつか設けている。例えば、2.4項は、Employer が支払義務を果たすための財政手段（自己資金、ローン等）を、契約の一部となる Contract Data において明らかにする必要があると定めている。また、かかる財政手段について、支払義務の履行の可否に影響するような変更を加えようとする場合には、Employer は、同項に基づき、直ちに Contractor に通知しなければならない。

　また、代金支払いが遅延した場合または不払いがあった場合には、14.8項で financing charges と呼ばれる利息の支払いを請求できることとされている。financing charges の請求には Employer や Engineer に

対する通知や Statement を要しない（すなわち、中間支払い等に比べて簡便な手続で請求できる）ため、Contractor にとっては使い勝手のよい措置となっている。

　支払遅延や不払いに対するさらに踏み込んだ措置としては、Employer に所定の通知をした上で、工事を中断するか作業の進捗を遅らせること（16.1項）や、契約を解除すること（16.2項）も、選択肢として定められている。

　現実には、FIDIC を用いるような大規模プロジェクトには公的資金が投入されていることが多く、Employer の代金支払能力に疑義が生じる場面はほとんどない（例外的に、Public Private Partnership 等によるプロジェクトにおいて、資金調達スキームが途中で大きく変わったような場合には、Employer の通知義務が実質的な意味を持つことがある）。ただし、自己資金でプロジェクトを発注する Employer が、FIDIC をベースにした契約を Contractor に提示することはあり得る。その場合、Contractor の観点からは、前記のような代金支払確保のための条項が削除されていないか、または Contractor の不利に変更されていないかを確認することが推奨される。

4　支払条件

(1) Red Book における支払条件

　Employer の代金支払義務に関しては、支払条件も重要な意味を持つ。Contractor は、代金を Employer から受領する一方で、Subcontractor（下請業者）や、資材納入業者等に支払いを行う必要があり、大規模なプロジェクトになれば、その支払額は莫大なものとなる。Employer からいかなる支払条件で代金を受領できるかは、Contractor の資金繰りないしキャッシュフロー計画に直結する。

　この点に関する FIDIC Red Book の基本的な考え方は、前述のとおり、BQ 精算である。これは、概括的にいえば、Contractor が作業をしただけ代金が支払われるということであり、原則として毎月の interim payment が想定されている。この支払条件において、累計の作業量と、累計の代金支払額との関係をグラフで表示すると、【図1】のとおり、概ね一致することになる（Progress が作業量、Payment が代金支払額）。

　なお、この図では、代金総額の15％が advance payment（前払金）として支払われることを前提にしているところ、FIDIC では、advance payment は、工事の対価としてではなく、無利息のローンとして扱われている（14.2 項）。そして、このローンは、作業量に応じて代金が支払われるごとに、その代金から所定の割合で控除されることにより、返済されていく。もしプロジェクトの途中で契約が解除され、その時点で advance payment の返済が終わっていない場合には、Contractor は直ちに未返済分を Employer に返済しなければならない。

【図1】　BQ 精算における累計の作業量と累計の代金支払額との関係

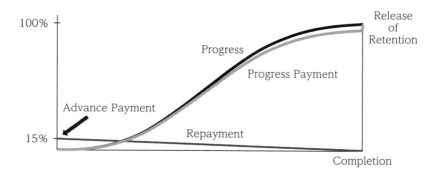

(2) Yellow Book および Silver Book における支払条件

　前記2のとおり、Yellow Book および Silver Book は、BQ 精算ではなく、lump sum による代金支払いを想定している。

　ただし、支払条件に関しては、BQ 精算による Red Book と規定内容は基本的に変わらない。advance payment が無利息のローンとして扱われ、これがその後の代金支払いごとに、その代金から所定の割合で控除されることにより返済されるのは、Red Book と同様である。また、工事完

成前の段階での代金支払い（interim payment）が予定されていることも、Red Book と同様である。さらには、Schedule of Payments の利用も選択肢として想定されているところ、これを作業工程中の milestone とリンクさせれば、プロジェクトの進捗に応じた分割払いが可能となる。

したがって、累計の作業量と、累計の代金支払額も、Red Book と同様、その増加割合は概ね一致させる（例えば、プロジェクト全体の予定作業量の 50% に達した時点で、lump sum の 50% が支払われているようにする）ことが可能と考えられる。

もっとも、lump sum の契約において、作業量増加リスクは Contractor が負担する（すなわち、作業の総量が予定より増えても代金額は原則として増えない）ことは、前述のとおりである。よって、累計の作業量と代金支払額の増加割合が概ね一致するとしても、最終的に支払われる代金額が実際の作業量に比例して増加するわけではないことを、改めて付言しておく。

(3) 日本の請負契約における支払条件

これに対し、日本の請負契約の基本的な考え方は、仕事が完成してから、代金が支払われるというものである。民間（旧四会）連合協定工事請負契約約款 26 条 1 項（標準約款）は、代金支払時期の原則的な規定として、完成検査に合格したときに、代金が支払われると定めている。

もっとも、完成まで一切代金が支払われないとすると、受注者の資金繰りに負担が生じるため、日本の請負契約においては、前払金が支払われることが一般的である。プロジェクトの途中で契約が解除されることとなった場合、前払金をどのように清算するかについては、前記の標準約款では定められていない。実際には、当該時点における出来高を評価した上で、前払金の方が出来高より多い場合には発注者から、前払金の方が出来高より少ない場合には受注者から、相手方に対し、合理的期間を設けて支払いを催告する等の手段により、当事者間の公平をはかるものと思われる。

【図2】は、前払金として 40%、残金が工事完成後に支払われるという、日本の請負契約のモデルにおいて、累計の作業量と、累計の代金支払額とをグラフで表示したものである。前記の BQ 精算の場合のグラフとは異

なり、累計の作業量と累計の代金支払額双方の増加割合が、途中経過では基本的に一致することなく、最後になって初めて一致する（Progress が作業量、Payment が代金支払額）。当初は、累計の代金支払額が累計の作業量を上回り、受注者の資金繰りとしては余裕があり得る状況であるが、途中からは、累計の作業量が累計の代金支払額を上回り、その差が拡大を続けるため、受注者の資金繰りとしては余裕を持ち難い状況となる。

【図2】　日本の請負契約のモデルにおける累計の作業量と累計の代金支払額との関係

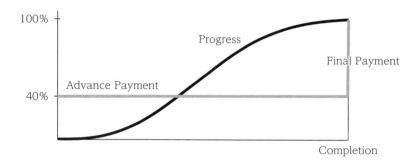

　以上のとおり、一般論としては、BQ 精算の考え方は、日本の請負契約の考え方よりも、実際の作業量をよりタイムリーに反映し、Contractor の資金繰りに配慮するものといえる。
　もっとも、建設・インフラ工事契約も、他の契約類型同様、契約自由の原則が妥当し、当事者がその合意によって、いかなる内容にも決められるというのが原則である。したがって、日本の請負契約のもとでも、当事者の決め方次第であり、累計の作業量と、累計の代金支払額の増加割合を一致させる合意も可能である。実際、日本の民間（旧四会）連合協定工事請負契約約款 29 条 2 項は、出来高払いについて定めており、工事完成前であっても出来高に応じた代金が支払われ得ることを前提としている。ただし、公共工事においては、一部出来高払いの試みもあるが、それ以外は、原則として前払金と完成時の残金支払いによる精算方式が堅持されている。

なお、この「契約自由の原則」も、法的思考の基本といえる、重要な視点である。これは、私人間の法律関係の構築は、その自由な意思に任されるべきであるという、「私的自治」の考え方を根源とする原則であり、シビル・ローやコモン・ローの区別を問わず、世界各国で妥当する。また、私人間で定めた内容が拘束力を持たなければ、自由な意思に任せても意味がないことから、契約に拘束力があることも内包されている。すなわち、契約の準拠法にかかわらず、基本的には、当事者間で自由に契約の内容を設定・変更することができ、その内容が拘束力を持つということである。もっとも、かかる自由も無制限ではなく、労働者保護、消費者保護等の観点（つまり、契約関係における「弱者」を保護する観点）からの例外として、一方当事者に不利な契約条項が無効とされることはある。それでも、契約自由の原則は、対等な交渉力を持つ企業間の取引では、かなり広く尊重される原則であるといえよう。

第3章 当事者および関係者

1 総 論

(1) 契約当事者

　FIDIC には、体制ないし組織に関する規定が相当数用意されている。本章では、これらにつき解説する。いい方を換えると、FIDIC における登場人物の解説である。余談ではあるが、訴訟や仲裁における事実主張においては、最初に登場人物について説明することが多い。登場人物を理解することによって、その後の事実経緯ないしストーリーの理解が円滑になるためと思われる。

　契約における最も主要な登場人物は契約当事者であるが、FIDIC における契約当事者は、Employer と Contractor である。Employer の幹となる義務は代金支払義務であり、Contractor の幹となる義務は工事等を行い完成する義務である。これを体制ないし組織の視点、すなわち「役割」という視点からいい換えると、Employer は代金を支払う役割を担い、Contractor は工事等を行い完成する役割を担う。ただし、大規模な工事を念頭に置く FIDIC は、これらの基本的な役割のほかにも、それぞれの当事者の役割に関する規定がある。

(2) Employer の役割

　大規模な工事を念頭に置いている FIDIC では、プロジェクト進行に当たっての Contractor とのコミュニケーション等は、Employer が自ら行

うのではなく、後述のEngineer等を通じて行うことが想定されている。とはいえ、Employer自身も、プロジェクトを進める上で重要ないくつかの役割を担っている。

　例えば、Employerは、工事の対象地（Site）を確保し、ContractorがこのSiteにアクセスできるようにしなければならない（2.1項）。Employerのマネジメントがよくないと、建設契約の目的である工事に先行する工事として、Contractorとは別の業者に発注されたSiteへの仮設道路建設が本工事の着工時に間に合わず、全体工期に大きな遅れを生じさせることも珍しくない。

　工事のために必要な許認可を得ることも、Employerの役割である（1.13(a)項）。かかる許認可には、建築許可や、Site用地を確保するための森林の伐採許可等が含まれる。

　該当する税金等を支払うことは、原則としてContractorの役割であるが（1.13(b)項）、大規模なプロジェクトでは、その一部がEmployerの役割となることがあり得る。すなわち、国際的な公的融資（世銀、JICA等）によるインフラ建設プロジェクトでは、インターナショナルなContractorの資機材輸入時にかかる関税や、出来高支払いを受けるときのVAT等の税金の免除が一般的であるところ（Tax Exemption）、これは、国際的な融資を受けたプロジェクトから税金を取らないということではなく、国の機関であるEmployerが、本来Contractorが支払うべき税金を肩代わりする形で、これを支払う義務を負うのである。資金提供者の立場からすれば、貸付をした相手である国の機関（＝Employer）が、税金という名目で貸付金の一部を懐に入れるのを阻むべく、こうした義務を課すものと考えられる。したがって、Employerはプロジェクトの開始に間に合うよう、かかる税金相当分の予算措置を講じておく必要がある。ただし、実際には、大規模プロジェクトに不慣れなEmployerが関税を支払い損ねたために資機材の船下ろしができず、やむなくContractorが立替払いをするといったケースも散見される。

　加えて、Employerは、Engineerを任命しなければならない（3.1項）。要するに、プロジェクトを管理するための様々な作業を行い、工事を「回

す」者を確保しなければならないということである。Engineer について の詳細は、後記 2 において述べる。

　また、Employer は、その従業員や Engineer 等（および、複数の Contractor を雇っている場合は、他の Contractor）が、Site またはその近隣において、Contractor のプロジェクトへの取組みに協力することを確保する必要がある（2.3 項）。

　以上は、Red Book の定めであるが、Yellow Book および Silver Book でも、前記各点については、Employer の役割として基本的に同様に規定されている。ただし、Silver Book では、Engineer が選任されず、代わりに、Employer を代理ないし代表する権限を持つ法人または自然人である Employer's Representative が選任される。

(3)　Contractor の役割

　一方、Contractor は、Site において工事等を行うわけだが、これを遂行するために、多くの付随的な役割を担っている。まず、Contractor は、工事等を適切に、安定的に、かつ安全に遂行しなければならない（4.1 項）。さらに各論的には、例えば、健康と安全に関する法令の遵守等（4.8 項）、リスクに関するデータ分析（4.10 項）、環境保全（4.18 項）、不審者の排除、そのほか Site の安全確保（4.21 項）も、Contractor の役割として定められている。工事等に伴って施工者が行う必要のある官公庁への申告、税金および諸経費の支払い等も、Contractor の役割である（1.13 (b)項）。

　また、建設機材の手配、資材の調達、コンピュータープログラムの用意も、Contractor の役割であることが、明記されている（4.1 項）。

　Contractor には、月次の進捗報告義務も課されている（4.20 項）。

　加えて、Contractor は、Contractor's Representative を選任し、これを Site に常駐させなければならない（4.3 項）。Contractor's Representative とは、Contractor を代理ないし代表する権限を持つ自然人である（1.1.18 項）。Contractor としても、Employer ないし Engineer との工事に関するやり取りを適時に行える体制を確保しなければならないという

ことである。

　さらには、工事等の適切な履行を担保する手段の提供も、Contractorの役割である。このために、Contractorは、Performance Securityを調達し、これが完工まで有効に存続することを確保する必要がある（4.2項）。

　なお、4.6項においては、前記の2.3項におけるEmployerの協力義務に対応する形で、Contractorの協力義務も定められている。

　以上は、Red Bookの定めであるが、Yellow BookおよびSilver Bookでも、前記各点については、Contractorの役割として基本的に同様に規定されている。ただし、Silver Bookでは、Contractorの役割がより増している側面があり、Employerから提供されたデータであっても、その正確性をContractorが確認しなければならない（Silver Book 4.10項）。一方、Employerの方は、提供するデータの正確性、十分性および網羅性について一切責任を負わないと定められている（Silver Book 2.5項）。

(4)　その他の関係者

　契約当事者以外の主要な登場人物としては、後述のEngineerとSubcontractorがある。

　また、FIDICは、紛争の予防および解決との関係で、Dispute Avoidance/Adjudication Boardについても規定している。これについては**第11章**で解説する。

2　Engineer

(1)　Engineerとは

　Engineerとは、当該プロジェクトに相応しい資格、経験および知見を有するプロの技術者（a professional engineer）であり、法人または自然人である（3.1項）。

　会社をEngineerとすることも、個人をEngineerとすることも、いず

れも可能であるが、その業務には大きな責任が伴い、大規模な工事において、個人を任命することは現実的でない。現在では会社であるコンサルタントが設計、契約図書、入札関連図書等の作成を行い（フェーズ1）、施工管理、契約管理もEngineerの立場で行う（フェーズ2）というのが一般的である。

Engineerが会社の場合は、当該会社に所属する個人を、当該プロジェクトのEngineerとして任命し、これを代表する権限を与えなければならない（8.3項）。ここで任命されるのは、当該会社の代表者（社長等）であることが多いが、かかる代表者が現場（プロジェクト・サイト）に常駐することは困難である。

そこで、一般には、当該会社の従業員をEngineerの代理（Engineer's Representative）として任命し、常駐させる（3.3項。Resident Engineerとも呼ばれる）。なお、このEngineer's Representativeは必須のものではなく、これを指名しないことも許容されており、さらには、Engineerが現場に常駐しない（Engineer's Representativeがいなければ、Engineer側は誰も現場に常駐しない）ことも、FIDICの規定上は許容されている。もっとも、かかる常駐なしという状況は、土木工事では現実的ではなく、また、FIDICが主に対象とする大規模な工事では、土木工事以外でも現実的ではない。そこで、前記のとおり、Engineer's Representativeが任命され、現場に常駐することが、一般的である。

Engineerの要件として、その工事で用いられる言語でコミュニケーションがとれる必要があり、英語が用いられる工事であれば、英語でコミュニケーションがとれることが求められる（3.1項）。

前記1(2)で述べたとおり、EmployerにはEngineerを選任する義務が課されており、換言すれば、Engineerは必須の存在である（3.1項）。

(2) 役　割

Engineerは、EmployerとContractorとの間に介在する。工事に関してContractorがやり取りをする相手は、基本的にEngineerであり、Employerと直接やり取りをする場面は限られている。

Engineer の役割は広範であり、以下の事項が含まれる。
- 工事の開始日時を Contractor に連絡する（8.1項）。
- Contractor に対する指示（instruction）を行う（3.5項）。
- Contractor からの月次等の報告を受ける（4.20項）。
- Employer から Contractor への代金支払時に、Contractor の作業量を確認し、Bill of Quantities（BQ）に従い代金額を定め（12.1項、12.3項）、代金支払い実行のための証明書（Interim Payment Certificate ないし IPC、Final Payment Certificate ないし FPC）を Employer に発行する（14.6項、14.13項）。
- Contractor からの工事の変更要求の提案を受け、これに同意するか否かを決定するとともに、自ら工事の変更要求を Contractor に提案し、さらには、Contractor に対して工事の変更を命ずることができる（13.3項）。
- Contractor が実施する完工等の検査方法を確認し、また、検査に立ち会う（9.1項、7.4項）。
- 工事に瑕疵その他の不備があるときに、その旨を Contractor に通知する（7.5項）。
- 工事の完工と、Contractor からの必要書類（Contractor's Documents）の提供を確認した時に、その旨の証明書（Performance Certificate）を Contractor に発行する（11.9項）。
- 工事の目的物の引渡に関する証明書（Taking-Over Certificate）を Contractor に発行する（10.1項）。
- Contractor または Employer からの代金増額、工期延長等の要求（claim）を受領し、これに対する初期的な回答をする（20.2.1項、20.2.2項）。
- Contractor および Employer 間に係争が生じた場合に、両者の間に入って和解協議をあっせんし、また、和解がまとまらないときには暫定的な判断（Engineer's determination）を示す（3.7項）。

なお、Yellow Book における Engineer の役割としても、基本的に、前記の各事項が定められている。ただし、Yellow Book では、代金額が

BQ精算により定まるのではなく、仕事の結果に対してまとめて代金を支払うという lump sum の方式であるため、前記のうち、Contractor の作業量を確認し、BQ に従い代金額を定めるという事項に代わって、Yellow Book では、Schedule Payment、Milestone Payment 等の査定をすることになる。

(3) 立ち位置

Engineer は、選任者である Employer のために行動するものとみなされる（3.2項）。旧 Red Book（Conditions of Contract for Works of Civil Engineering Construction, 4 th edition, 1987）では、Engineer は、Employer および Contractor との間において中立的とされ、中立的に行動することが定められていたが、Employer から選任され、Employer から報酬を受領しながら、中立的であることには無理があった。そこで、1999 年版からは、Engineer が、Employer 側の人間であることが、前提とされるようになった。

ただし、2017 年版でもなお、Employer と Contractor との間に係争が生じた場合には、Engineer が両者の間に入って和解協議をあっせんし、また、和解がまとまらないときには、暫定的な判断（Engineer's determination）を示すところ、これらの場面では、Engineer は、中立的に対応することが求められ、Employer のために行動するとはみなされない（3.7項）。なお、Engineer's determination については、追って**第11章**で、改めて解説する。

(4) Engineer に関する法律関係

前記**序章3**で述べたとおり、権利義務関係を整理して把握するためには、誰と誰との間の権利義務であるか、換言すれば、その主体を明確にする必要がある。この観点からは、いかなる契約関係が存在し、各契約の当事者が誰であるかを整理する必要がある。

この観点で Engineer をみると、まず、Engineer は、FIDIC が対象とする工事等の契約との関係では、当事者ではない。この契約の当事者は、

Employer と Contractor である。

　Engineer が当事者となる契約は、Employer との間の契約であり、コンサルタント契約等と呼ばれるものである。この Employer および Engineer 間の契約についても、FIDIC は契約書式を用意しており、White Book という名称である。

　Engineer に対する報酬は、この Employer との契約に基づき、Employer から支払われる。Engineer の業務に不備があれば、当該契約に基づく債務不履行責任が、Employer との関係で問題となる。

　Contractor との関係では、Engineer は契約関係にないため、Contractor に対して直接責任を負わないというのが原則となる。Engineer の行為の効果は Employer に帰属し、Employer と Contractor との間の権利義務関係に還元されるというのが原則である。

　Engineer は信頼されるべき存在とされており、具体的には、Employer の個別の授権が必要な事項を Engineer が行った場合には、当該授権は行われているものとみなされる（3.2項）。なお、個別の授権が必要な事項の典型例として、一定金額以上の工事内容の変更（Variation）が挙げられる（Variation については、**第4章**で改めて解説する）。

　ただし、Engineer に Employer と Contractor の間の工事等の契約を変更する権限はなく（3.2項）、契約変更は Employer によって行われる必要がある。また、Engineer が Contractor の義務ないし責任を免除すると述べたとしても、これが免除されることもない（3.2項）。

　なお、Engineer が Contractor に対して直接責任を負わないというのが原則と述べたが、権利義務関係には、契約に基づくものと、契約に基づかないものがある。契約に基づかないものの代表例の一つが、不法行為に基づく損害賠償責任である。したがって、Engineer が Contractor に対して不法行為に及んだ場合には、これに基づき、Engineer は Contractor に対して直接、損害賠償責任を負うことになる。この場合、追って紛争解決手続において解説する DAAB や仲裁廷には管轄権がなく、管轄権のある裁判所で争うことになる。もっとも、そのような損害賠償請求を、筆者らが実際に目にしたことはない。

(5) Engineer を確保する趣旨

　Engineer を確保する趣旨は、できる限り円滑に契約の履行を進めることにあると考えられるところ、この点につき大規模な建設・インフラ工事契約の不完備性も関係すると考えられる。すなわち、不完備性のもとでは、契約内容を予め確定することが困難であるため、契約締結後に様々な疑義が不可避的に生じ、これに対処するための変更ルールと紛争解決ルールという「手続的」な規定が重要な意味を持つ。これらのルールの適用に際しては、様々な協議と、決定が必要になるところ、これらを Employer と Contractor という契約当事者のみに委ねるより、Engineer を介在させる方が合理的と考えられる。

　というのも、Employer および Contractor は、最大の利害関係者であり、協議と決定に際しては、自らの利害を最大限強調することが想定されるからである。合理的な協議と決定のためには、自らの利害からある程度の距離を置くことが必要であり、また、専門的な知見も必要である。そこで、Engineer が介在することに、合理性が認められる。

　また、疑義を合理的な内容で解決することに加え、疑義の存在にもかかわらず、できる限り円滑に工事を進めるという観点も重要である。というのも、大規模な建設・インフラ工事では、工期の遅れは、工事の目的物の経済的な利用開始の遅れという、大規模な経済的損失につながる可能性があるからである。そこで Red Book および Yellow Book は、疑義が生じ、協議でもまとまらないときは、Engineer が暫定的な判断（Engineer's determination）をすると定めている。この Engineer の判断は、後に仲裁等で争われ得る暫定的な性質であるが、それでも判断がなされることにより、物事が決まらず工事が進められないという事態は回避できるし、両当事者から異議が唱えられない場合、Engineer's determination は終局的なものとして拘束力を持つ。

　暫定的ではあっても、重要な意味を持ち得るため、かかる判断を最大の利害関係者である契約当事者が行うことには、問題があり得る。そこで、契約当事者ではなく、これらからある程度距離がある立場の Engineer がかかる判断を行うことは合理的といえる。この判断の場面では、Engineer

に中立的な対応が求められることは、前記(3)において述べたとおりである。

　以上のとおり、Engineer を確保することによって、不完備性ゆえに必然的に生じる数々の疑義を、工事の遅延を回避しつつ、合理的に解決できる可能性が、高まると期待できる。

(6)　Silver Book の規定内容

　Silver Book では、Engineer は選任されない。Silver Book は、**第1章2(1)**で述べたとおり、turn-key 契約と呼ばれ、より多くの事項が Contractor に委ねられており、換言すれば、Employer 側の役割はより限定されている。そのような中、Employer が Engineer を選任することも予定されていない。

　この点に関連することとして、Silver Book の巻頭にある NOTES においてこの条件書（Silver Book）を採用することが適切でない例を三つ挙げているところ、その一つとして、Employer が Contractor の工事遂行に深くかかわって、工事管理をしたり、工事図面のレビューをしたりすることを望む場合を挙げている。つまり、Employer 側がこのようなプロジェクト遂行とのかかわりを持たないことを前提として、Silver Book においては、Red Book や Yellow Book では必要な Engineer が必要とされないのである。

　もっとも、Silver Book においても契約の不完備性に変わりはなく、様々な疑義について、当事者間の協議や決定が必要になる。かかる協議や決定において、Red Book および Yellow Book において Engineer が担っていた役割は、Silver Book では基本的には、Employer が担うことになる。

　ただし、Silver Book では、Employer は、Employer's Representative を選任しなければならない（Silver Book 3.1 項）。Employer's Representative とは、Employer を代理する権限がある法人または自然人で、能力あるプロフェッショナルとして、その業務に当たることが求められる（同 3.1 項）。

　Employer は、Contractor に対する指示は、Employer's Representative を通じて行わなければならない（同 3.4 項）。

また、EmployerとContractorとの間に係争が生じた場合には、Employer's Representativeが両者の間に入って和解協議をあっせんし、また、和解がまとまらないときには、暫定的な判断（Employer's Representative's determination）を示すところ、これらの場面では、Employer's Representativeは中立的に対応することが求められ、Employerのために行動するとはみなされない（同3.5項）。この点は、前記(3)のEngineerと同様である。

3 Subcontractor

(1) Subcontractorに関する規定の概要

大規模な建設プロジェクトにおいては、Contractorが全ての作業を自ら行うことは現実的でなく、各作業を専門または得意とする業者を下請として起用することが必須といっても過言ではない。そこで、Red Bookでは、「SUBCONTRACTING」という表題のもと、下請に関する項目が設けられている。

ここで定められていることは、一つには、下請が許される範囲である。一括下請、すなわちContractorが全ての業務を下請に委ねることは禁止されており、また、契約上Contractorが自ら行う業務が定められていれば、これも下請に委ねることが禁止される（5.1項）。

次に、下請業者（Subcontractor）の選任について、Contractorは、原則として、Engineerの事前の承認を得る必要がある（5.1項）。一方、Engineerからの指示として、特定のSubcontractorの選任がContractorに対して求められることがある（5.2.1項、Nominated Subcontractorと呼ぶ）が、Contractorはこれを選任する義務を負わない（5.2.2項）。

というのも、Subcontractorの作業については、Contractorが責任を負うからである（5.1項）。Employerが、地元の特定のSubcontractorの起用を要望することがあるが、その希望を受けて選任したSubcontractorであったとしても、その作業についてContractorが責任

を負うことに変わりはない。また、前記のように、Engineer が選任を指示した Subcontractor であったとしても、Contractor は同様に責任を負う。そのため、Contractor は、自らの意に反する Subcontractor の選任を拒めることとされているのである。

　Yellow Book および Sliver Book では、独立した項目ではないものの、下請に関する規定が設けられている。Yellow Book は、Red Book 同様、前記各点について定めている（Yellow Book 4.4 項、4.5.1 項）。Silver Book では Engineer が存在しないため、Subcontractor の選任について Engineer の事前承認が必要ということはない。そのほかは、前記各点と同様である（Silver Book 4.4 項、4.5.1 項）。

(2)　Contractor の義務と背中合わせ（back-to-back）の義務

　前述のとおり、FIDIC のもとでは、Contractor が Subcontractor の作業について責任を負うため、Contractor としては、Subcontractor にも自らと同程度のリスクを負担してほしいと考えるのが自然である。そこで、下請契約において、Subcontractor は back-to-back の義務を負うと定められることがある。すなわち、Subcontractor が、自らの請け負った作業に関して、Employer と Contractor との間の契約（Main Contract）における Contractor の義務および責任を全て引き受け、Subcontractor の行為が原因で Contractor が Main Contract 違反の責任を負うことになった場合は、Subcontractor が Contractor に対して補償を行う旨の約束である。

　Subcontractor としては、自らが交渉に関与していない Main Contract の内容に、自らの義務の範囲や程度が左右されることとなるため、back-to-back の義務を受け入れることに抵抗がある場合も少なくないと思われる。よって、back-to-back の義務を盛り込んだ下請契約を締結しようとするのであれば、将来の紛争リスクを低減するためにも、Subcontractor が Main Contract の内容を把握できるようにした上で、Subcontractor が引き受けるのに適していない義務や責任については明示的に除外する（例えば、Site に行くためのアクセス経路の確保に関する義務

等は、Contractor の義務として残す）ことが、基本的には望ましい。

　なお、FIDIC が公開している下請契約の書式は、基本的に、FIDIC の Rainbow Suite に属する書式を Main Contract として、Subcontractor の back-to-back の義務を定めている（2019 年版の Yellow Book Subcontract 等）。ただし、実務上、この書式はあまり普及していないようである。これは、下請契約においては、作業の内容や期間が Main Contract に比べて限定されるにもかかわらず、FIDIC の書式は Main Contract と同程度の精緻な記録や書面に基づく契約管理を前提としている（すなわち、契約管理に多大な労力を要する）ために、敬遠されがちなことが理由であると推察される。

(3)　Pay when paid の支払方式

　Contractor の「Subcontractor にリスクを負担してもらいたい」という発想は、代金支払いの場面にも妥当する。そこで、下請契約において、Subcontractor に対する代金の支払いは、Contractor が Employer から支払いを受けるまで行わなくてよい旨の条項が設けられることがある。これが、「pay when paid」と呼ばれる方式である。Subcontractor にとっては、Employer の支払能力不足のリスクおよび支払拒絶リスクを引き受けることとなるため、大きな負担となり得る。

　かかる負担の大きさから、国によっては、pay when paid の方式は違法無効となることに注意が必要である。例えば、英国では、Housing Grants, Construction and Regeneration Act 1996 という法律により、原則として pay when paid の支払方式は認められないこととされている。日本でも、下請代金支払遅延等防止法により、元請業者は下請業者が役務の提供をした日から起算して 60 日以内の、できるだけ短い期間内で支払期日を定める義務があるとされており（同法 2 条の 2）、同法は契約による適用排除を許さない強行法規であるため、pay when paid の方式を契約で定めても無効になると解される。

第4章 Variation および Adjustment

1 工事等の内容の変更

(1) Variation の意義および種類

　大規模な建設プロジェクトにおいては、最初に計画したとおりに工事が進むことはほとんどなく、状況に応じて計画を変更する必要に迫られるのが常である。こうした計画変更に対応する上で重要なのが、Variation という仕組みである（なお、米国では Change Order と呼ぶのが一般的である）。

　Variation とは、FIDIC の定義によれば、Works の変更であり（1.1.86項）、Works とは、契約上、Contractor による遂行が求められる作業等のことである（1.1.87項、1.1.64項、1.1.80項）。

　Variation は、基本的に Engineer によって主導される。これは、Engineer はプロジェクトを管理するための様々な作業を行う役割を担っているところ、Variation の管理もかかる作業の一環と位置付けられることに起因すると思われる。なお、Engineer がいない Silver Book においては、基本的に Employer によって主導される。施主としては、最終的な構造物が利用者のニーズに合うことを確保するインセンティブがあるため、Employer 側が Variation を主導する建付けは合理的と考えられる。

　Engineer が Variation を指示する契機は、大きく分けて二つである。一つは、Employer の要望による場合であり、資金不足による工事等の縮小もこれに含まれる。もう一つは、Engineer の専門家としての判断に基づき、工事等の適切な遂行のため、作業の追加や変更を行う場合である。

なお、この二つは連動することもある。例としては、Engineerの専門家としての判断によるVariationが多数に上った結果、コストも多額にのぼり、Employerの資金が不足して工事等の縮小を行う場合等が考えられる。

Engineer（Silver Bookの場合にはEmployer）によって主導されるVariationには、強制的なものと、Contractorからの提案を通じて行われるものの2種類がある。一方、例外的に、Contractorが主導するVariationもある。

(2) Engineerによる強制的なVariation

a 要件および効果

「Variation」という単語の意味は、「変化」や「変動」であり、まさにこれがVariationの効果である。すなわち、VariationによりWorksが「変化」し、工事等の内容という契約内容が変更されるということである。これは、Contractorからみると義務内容の変更であり、Employerからみると権利内容の変更である。

Red Bookでは、Variationに当たる変更には、以下の変更が含まれると明示されている（13.1項）。

- 作業項目の量の変更（ただし、これにはVariationに該当しないものもある）
- 作業項目の品質または性質の変更
- 高さ、配置または寸法の変更
- 作業の削減
- 作業、機材、資材またはサービスの追加
- 作業の順序やタイミングの変更

これらはあくまで例であり、要件ではないため、変更内容が前記のいずれかに当てはまらなければVariationに当たらないというわけではない。例えば、建物の外壁の色を、元の計画で指定されていたものから変更する場合でも、Variationに当たり得る（ただし、「作業項目の品質または性質」等の文言は広く解釈できるため、かかる変更もカバーすると解する余地もある）。

強制的な Variation を起こす要件は、原則として、Engineer からの指示（instruction）のみである。換言すれば、Engineer は、その裁量で、適宜 Variation として工事等の内容を変更できるというのが原則である。

ただし、次のような事情がある場合には、Contractor は Engineer に速やかに通知することにより、Variation に異議を唱えることができる（13.1 項）。

① 契約上指定された仕様における作業等の範囲や性質に鑑みて、合理的に予見できなかった変更の場合
② 当該変更のために必要となる機材、資材等を、Contractor が容易に調達できない場合
③ 当該変更が、Contractor に義務付けられた健康と安全に関する法令の遵守等（4.8 項）および環境保全（4.18 項）の履行に悪影響を及ぼす場合

なお、前記の要件および効果は、Yellow Book および Sliver Book でも、大きくは異ならない。異なるのは、Yellow Book および Silver Book では、前記の Variation に当たる変更に含まれる事項の明示がないこと、Silver Book では、Engineer ではなく Employer によって、Variation の指示が発せられること、Yellow Book および Silver Book では、Contractor が異議を唱えることのできる理由が追加されていることである（これは、Yellow Book および Silver Book では、**第 1 章 2** で述べたとおり Red Book に比べて重い義務が Contractor に課されているためと解される）。

　b　手　続

まず、Engineer が、Contractor に対し、Variation を指示する通知（Notice）を発する（13.3.1 項）。これに対する Contractor の対応は、次の 2 通りである。

　(a)　Contractor が異議を唱える場合

前記 a の①から③のいずれかの理由により、Variation に異議を唱えるのであれば、前記通知受領後速やかに、Engineer に対し、当該理由の説明資料とともに通知を送付する（13.1 項）。

その場合、Engineer は、もとの Variation の指示を、(i)撤回するか、

(ii)修正するか、あるいは(iii)修正せずに維持するかを、Contractorに対して通知する（13.1項）。

(i)撤回の場合、Contractorはそれ以上争うことはないが、(ii)修正の場合には、修正後の内容に対しても、前記**a**の①から③のいずれかの理由により、Contractorは再度異議を唱えることができる。

(iii)修正せずに維持された場合は、EngineerがContractorの異議を拒絶する形となるため、Contractorの異議が正当であるか否かをめぐって紛争が発生することとなる。この場合、Contractorには、再度異議を唱え、変更後の作業の遂行を拒むという選択肢も理論的にはあり得るかにみえる。ただし、のちに債務不履行等の責任を問われるリスクをできるだけ抑えたいのであれば、変更後の作業等に着手する一方で、DAAB（Dispute Avoidance/Adjudication Board）や仲裁といった紛争解決手続による処理を見据えて、工期延長や追加費用の請求等に関する通知（20.2項）をEngineerに送付しておくのが賢明であろう。

(b) **Contractorが異議を唱えない場合**

EngineerからのVariationを指示する通知に対し、Contractorが争わない場合、Contractorは、当該通知を受領してから28日以内に、次の各点を記載した通知をEngineerに提出する。

① 変更後の作業の詳細
② 変更後の作業を遂行するための工程表（コンピュータープログラム、工事等の全体に関するプログラムの変更が必要であれば、その提案）
③ 変更後の作業を遂行するために工期の変更が必要であれば、その提案
④ 代金額の変更に関する提案

これらのうち、工期の変更および代金の額変更につき、Contractorの提案が受け入れられない場合の手続については、**第11章**で詳述するが、大きな流れは以下のとおりである。

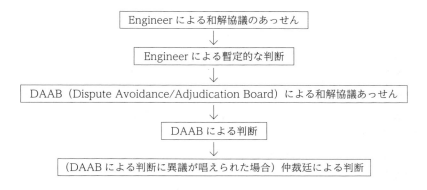

なお、前記の各手続は、Yellow Book および Silver Book においても、特に異ならない。Silver Book において、Engineer が、Employer または Employer's Representative にとって代わられる程度である。

(3) Engineer の主導のもと、Contractor の提案を通じて行われる Variation

a　要件および効果

この点は、Engineer による強制的な Variation と同様で、前記(2)のとおりである。

b　手　続

まず、Engineer が、希望する変更について記載した通知を、Contractor に送付する（13.3.2項）。これに対する Contractor の対応は、次の2通りである。

(a) Contractor が提案を行う場合

Contractor は、Engineer が希望する変更を実現するための、具体的な提案を Engineer に対して行う。その提案に際しては、Engineer からの強制的な Variation に応じる場合同様に、以下の各点を記載する。

① 変更後の作業の詳細
② 変更後の作業を遂行するための工程表（コンピュータープログラム、工事等の全体に関するプログラムの変更が必要であれば、その提案）

③　代金額の変更に関する提案

かかる提案を受けた Engineer は、速やかに、通知をもって Contractor に返答をする。返答の内容は、基本的に、Contractor の提案に応じるか、否かである。応じる場合には、Engineer からその内容で、Variation を指示することとなり、後の流れは、既に前記3点の記載事項が Engineer に連絡済であること以外は、Engineer による強制的な Variation と同様で、具体的には前記(2) b (b)のとおりである。

一方、Engineer が Contractor からの提案に応じない場合に Variation がどうなるかについて、FIDIC に特段の定めはない。現実には、当事者で協議の上対応するか、あるいは、協議がまとまらなければ、この手続での Variation は行われないことになろう。ただし、Contractor にはこの提案の作成に要したコストがあれば、請求する権利がある。

なお、Contractor は、かかる Engineer の返答を待っている間、工事を遅らせることなく、予定どおり進めなければならない。

以上の手続については、いずれも、13.3.2項に定められている。

(b)　**Contractor が提案を行わない場合**

Contractor が提案を行わなければ、この流れでの Variation は先へ進まないことになる。したがって、Variation の帰趨は、Engineer が強制的な Variation を行うか否かに委ねられることとなる。

Contractor は、提案を行わない理由を Engineer に説明する必要があり、その際に、Variation が認められない理由に言及することになる（13.3.2項、13.1項）。

翻っていえば、Contractor は、かかる理由がない限り、Engineer の求めに応じて提案を行うことが期待されていると解される。

なお、前記の各手続も、Yellow Book および Silver Book でも特に異ならない。Silver Book において、Engineer が、Employer または Employer's Representative にとって代わられる程度である。

(4)　Engineer の黙示の指示による Variation

Engineer からの指示が、Variation の指示であることを明示していな

いものの、Contractor が当該指示は Variation に当たると考えた場合には、Contractor は直ちに、かつ指示された作業に着手する前に、Engineer（Silver Book では Employer）に対して、当該指示が Variation に当たる理由を述べて通知をすることとされている（3.5項）。この通知を受領してから、原則として7日以内に Engineer が返答（当該指示を撤回するか、修正するか、修正せずに維持するか）しなかったときは、当該指示は撤回されたものとみなされる。

　一方、Engineer が期限内に返答した場合には、Contractor はその返答内容に従うこととされている。

　この仕組みは、実務的には重要な意味を持ち得る。というのも、Employer 側の意向は様々な形で Contractor に伝えられるところ、その意向が工事等の変更に関するものであっても、毎回 Variation の手続が踏まれるとは限らないからである。例えば、Contractor と Employer 側の定例会議において、Employer 側が口頭で作業順序の変更等を指示することは珍しくない。Contractor がそのまま指示に従って作業を行った場合、たとえ当該指示が原因で工期が遅れたり追加費用が発生したりしても、Contractor は原則として Employer 側に何らの請求を行えないこととなる。黙示の指示による Variation の手続は、かかる事態を回避する手段を Contractor に与えるものといえよう。

(5) Contractor 主導による Variation
a　要件および効果

　前記(1)で述べたとおり、Variation は、基本的に Engineer が主導する。したがって、Contractor は、Engineer から Variation の指示を受けない限り、工事等の内容を変更してはならないのが原則である（13.1項）。

　ただし、Contractor がより望ましい工事等の進め方を考えついた場合には、その情報は Engineer ないし Employer 側に伝えられて然るべきである。そこで、FIDIC は、より望ましい工事等の進め方を Contactor が提案することを認めている。これが、Value Engineering と呼ばれる仕組みである。

具体的には、Contractor は、以下のいずれかに当たる提案であれば、いつでも Engineer に対して行うことができる。かかる提案は、書面で行う必要がある。(13.2項)
- 工事の完成時期を早める
- 工事等の実行、管理または運営に関し、Employer にかかるコストを削減できる
- 工事の成果が Employer にもたらす効率性または価値を高める
- その他、Employer の利益に資する
- ただし、この提案を採用するか否かは、後記 b (b)のとおり、Employer 次第である。

b　手　続
(a)　Contractor からの提案

前記のとおり、Contractor からの提案は、Engineer に対して書面で行われる。その書面には、Engineer による強制的な Variation 同様、以下の各点を記載する（13.2項）。

① 変更後の作業の詳細
② 変更後の作業を遂行するためのコンピュータープログラム（工事等の全体に関するプログラムの変更が必要であれば、その提案）
③ 代金額の変更に関する提案

(b)　Engineer による返答

Contractor の提案を受けた Engineer は、できる限り速やかに（as soon as practicable）返答することとされている。返答の内容は、基本的に、Contractor の提案に応じるか、拒絶するかである。提案の諾否は、Employer の独自の裁量に委ねられる。すなわち、Engineer は、かかる Employer の裁量による判断を受けて、返答することになる。

Engineer の返答が、Contractor からの提案に応じるものである場合には、Engineer からその内容で Variation を指示することとなり、後の流れは、既に前記3点の記載事項が Engineer に連絡済であること以外は、Engineer からの強制的な Variation と同様である。具体的には、前記(2) b (b)に示したとおりである。

Engineer の返答が、Contractor からの提案を拒絶するものである場合は、Value Engineering に基づく Variation は行われないことになる。

なお、Contractor は、かかる Engineer の返答を待っている間、工事を遅らせることなく、予定どおり進めなければならない。

 c 変更による利益の帰属

前記(1)から明らかなとおり、Value Engineering に基づく Variation は、Employer の利益に資するものである。

そして、かかる変更を主導した以上、Contractor も変更による利益を享受するのが自然であるかのように思われる。13.2 項においても、代金の増額を通じて Contractor がかかる利益を享受できる可能性は否定されていない。ただし、Engineer は、契約図書の一部である Particular Conditions において、Employer と Contractor の間での利益等の配分が定められている場合に、これを考慮することが求められているのみで、代金の増額が保障されているわけではないことに注意が必要である。なお、利益配分が定められる場合には、50 対 50 の配分とするのが一般的である（逆にいえば、Employer の配分を多くする等、等分から逸脱するには、設計に関する責任を一部 Contractor に移す等の正当化理由が必要と考えられる）。

なお、Value Engineering に関する前記の各規定は、Yellow Book および Silver Book においても、特に異ならない。Silver Book において、Engineer が、Employer にとって代わられる程度である。

 d 設計変更を伴う Value Engineering

Contractor の提案が永久構造物（Permanent Works）の一部の設計の変更を伴う場合は、Contractor は、該当部分について、4.1 項で定められた Contractor's Obligation（fit for purpose の義務を含む）を負うことになる。

ただし、実務上は、かかる設計変更を伴う Value Engineering においては、Employer または Engineer が Contractor の設計変更案を精査し、自らの設計コンサルタントに改めて設計変更案を作成させた上で、Employer 側による設計変更として強制的な Variation を行うことも珍し

くない。これは、大規模なプロジェクトにおいては、Employer が設計コンサルタントを雇い、設計の瑕疵等に関する責任をコンサルタントに一元化するのが通常であるところ、Value Engineering によって、設計責任を一部 Contractor に負わせると、責任が分散してしまい、問題が生じた場合の責任追及が煩雑となるためである。いい換えれば、責任の一元化を維持するために、本来的には Contractor が設計責任を負う Value Engineering であっても、Employer が設計責任を引き取ることを希望する場面があり得るということである。

(6) Variation の評価 (valuation)

Variation の結果、代金額を変更する必要がある場合は、Engineer (Silver Book では Employer's Representative) による Variation の評価 (valuation) という形でその変更内容が決定される。かかる評価の方法は、FIDIC の種類によって下記のように異なる。

a Red Book

作業量に応じた BQ 精算を基本的な考え方とする Red Book においては、Variation の評価も、基本的には作業量の測定と各作業項目の評価 (measurement and valuation) によって行われることが想定されている (13.3.1 項)。これを行う方法は、12 項において細かく定められているが、概要としては、BQ にレートまたは価格の定めがある作業項目については、同レート・価格を使って評価する一方、BQ に定めのある項目と類似しない等の理由で BQ 上のレートや価格を使って評価するのに適していない作業項目については、新たにレートまたは価格を設定することなる。その際にも、関連性のある BQ 上のレートや価格が参考にされるが、関連するものがない場合、Variation として行う作業にかかるコスト（および Contract Data に定めのある profit。定めがない場合は 5 ％）をもとに、他の関連事情も考慮して、新たなレート・価格を設定することとなる。

b Yellow Book および Silver Book

Lump sum での代金支払いを前提とする Yellow Book および Silver Book では、BQ ではなく、Schedule of Rates and Prices が契約に含ま

れているか否かで取扱いが分けられている（13.3.1項）。

　Schedule of Rates and Prices が契約に含まれている場合には、これにおいて定められているレート・価格を用いて Variation として行う作業の項目を評価することとなる。Variation の作業項目に対応するレート・価格が定められていない場合には、類似の作業項目のレート・価格を用いる。類似のものがなく、Schedule of Rates and Prices 上のレート・価格を用いるのが不適切な場合には、新たなレート・価格を設定する。その際には、Schedule of Rates and Prices 上の関連する項目をもとに、全ての関連事情を考慮して設定することとなるが、関連するものがない場合には、Red Book 同様、Variation として行う作業にかかるコストおよび Profit をもとに設定する。

(7)　Variation に関する典型的な問題

　Engineer が主導するか Contractor が主導するかにかかわらず、工事等の内容を変更する Variation は、工期やコストに影響する可能性が相応にあるため、当事者間での争いを引き起こす代表的な論点の一つである。

　具体的に争いになる問題は多岐にわたるが、典型的には、①そもそも Variation に当たるかどうか、② Variation の手続要件が満たされているかどうか、③ Variation の評価が正当であるかどうか、といったことがよく問題になる。

　まず、そもそも Variation に当たるかという点については、例えば、建設契約において明確に示されていなかった作業につき、追加の作業と捉えるか、もともと Contractor の義務に含まれていたと捉えるか、といった形で問題となることがある。国際的な建設契約には、Contractor の担当する作業を詳細に定めた Scope of Work や、仕様に関する Specifications が付属書類として含まれることが一般的であるところ、問題の作業が Variation に当たるか否かは、これらの付属書類における規定ぶりによって変わることもある。具体的には、Scope of Work において、「その他 Works の完成のために必要なあらゆる作業」を Contractor の担当とするような包括的な定めがある場合には、明確に特定されていな

かった作業についても、もともとContractorの義務範囲に含まれており、Variationには当たらないと判断されやすくなるとも考えられる。また、Specificationsについても、使用されるべき資材について「最高品質のもの」等、抽象度の高い定め方をした場合には、具体的に使用する資材が変更になっても、Variationに当たらない可能性がある。こうした観点からも、Scope of WorkやSpecificationsにおける作業範囲・仕様の特定は、当事者による慎重な検討を要するものであるといえる。

　手続要件の充足の有無については、例えば、Contractorは、Engineerによる Variation の指示を受領してから 28 日以内に工期や代金額の変更に関する提案を含む通知をすることとされているところ、Engineerによる指示の有無やその時期が不明確である場合に、どの時点から 28 日を起算するか等の問題がみられる。EmployerやEngineerは、デザイン等の変更につき、正規のVariation手続を踏まずに、会議の席等でContractorに要望を伝えてくることも珍しくはない。この場合に、当該会議から28日以内にContractorが通知を行わなければならないか否かは、議論の余地がある。不確定要素を減らすためには、ContractorからEngineerに対し、正規のVariation手続を踏むよう求めることや、黙示の指示によるVariationの規定がある場合にはこれを利用することが望ましい。Employerに応じてもらえない場合や、該当する規定がない場合は、「〇月〇日の会議においてVariationに当たる指示があったが、契約上のVariationの指示であることを確認されたい。それまでは契約上のVariationの指示はないものとみなす」等と述べるレターをContractorからEngineerに送付する等、工夫が必要となることも考えられる。

　Variationの評価の正当性は、EmployerからContractorに支払われる金額に直結するため、Engineerによる決定をContractorが争うケースが頻繁にみられる。具体的には、Contractorが、「Variationの価格は、BQではなく、Variationとして行う作業にかかるコストに基づいて算定されるべきである」と主張することがしばしばある。これは、BQにおける価格は、あくまで入札時の状況を前提に算定したものであり（ゆえに、調達費用等も、大量注文による値引き等が考慮されている）、施工環境が変わっ

た場合にも適切な価格といい得るかは疑問であることを根拠としている。しかしながら、Employer側の理解が得られず、紛争解決手続での決定を求めざるを得ないことも少なくない。その場合には、双方が専門家に依頼して、評価方法と評価額についての意見書を出し合うことが一般的である。

2 代金額の変更

(1) はじめに

本項では、代金額に関するリスク分担ルールおよび変更ルールについて解説する。

リスク分担ルールは、いずれの契約当事者が、いかなるリスクを負担するかを定めるものである。ただし、リスク分担ルールは、定性的な定めにとどまり、例として代金額についていえば、代金額が変動することまでは導けるものの、変動後の具体的な代金額までは、リスク分担ルールによって導くことは困難である。そこで、このような契約締結後に生じる疑義に対処するために、変更ルール等の「手続的」な規定が必要とされ、現にFIDICにおいて定められている。

代金額に関するルールとして、以下、Variation、法令等の変更、およびコスト変動について検討するが、前提としてまずは、代金額に関するリスク分担ルールの「原則」について要点を確認する。

(2) 代金額に関するリスク分担ルールの「原則」

前記**序章4**(2)で述べたとおり、ルールをみる際に、「原則」のルールと「例外」のルールとを区別する視点は有益である。この視点で代金額に関するリスク分担ルールをみると、前記**第2章4**で述べたとおり、Red BookとYellow BookおよびSilver Bookとの間で、「原則」のルールが異なっている。

すなわち、Red Bookの基本的な考え方は、Bill of Quantities（BQ）精算であり、概括的にいえば、Contractorは、作業をしただけ支払ってもらえる。したがって、リスク分担ルールとしては、作業量増加のリスク

はEmployerが負担するというのが、Red Bookの「原則」である。

　これに対し、Yellow BookおよびSilver Bookの基本的な考え方は、lump sumである。これは、日本の請負契約の考え方と同様のものであり、仕事の結果に対して、固定の代金を支払うというものである。したがって、作業量が増加しても代金は増加しないということであり、リスク分担ルールとしては、作業量増加のリスクは、Contractorが負担するという「原則」である。

(3) Variation に伴う代金額の変更

　Variationによる工事等の内容変更は、代金額の変更を伴うものである。これは、建設・インフラ工事契約における「幹」となる権利義務が、受注者（Contractor）の発注者（Employer）に対する建設工事等を行う義務（発注者の側からみれば権利）と、発注者（Employer）の受注者（Contractor）に対する代金支払義務（受注者の側からみれば権利）であることと、それぞれが対応し、対価の関係にあることに照らし、合理的である。すなわち、「幹」となる二つの権利義務のうち、一方が変更されれば、他方の権利義務も変更されるというのは、その対応ないし対価関係に照らし、合理的である。

　このVariationの位置付けは、Red Bookと、Yellow BookおよびSilver Bookとの間で意味合いが異なる。これはリスク分担ルールとの関係であるが、Red Bookでは、前記2のとおり、作業量増加のリスクはEmployerが負担しており、代金額の変更は「原則」のルールの範疇である。これに対し、Yellow BookおよびSilver Bookでは、作業量増加のリスクはContractorが負担しており、Variationによる代金額の変更は「例外」のルールと位置付けられる。

　変更ルールは「手続的」な規定である。Variationによる代金額の変更手続および変更内容の決定方法（Variationのvaluation）については、前記1(6)において述べたとおりである。

⑷ 法令等の変更に伴う代金額の変更

a　リスク分担ルール

Variation 以外にも、FIDIC では、代金額が変更する場合を定めている。その一つが、法令等の変更である。以下のいずれかが変更し、その結果工事等のコストに増減が生じたときは、代金額が変更される（13.6項）。

- 工事等が行われる国の法令（新法令の導入、既存法令の廃止または変更を含む）
- 司法または行政による前記法令の解釈または実施
- Employer または Contractor が取得した許認可
- Contractor が取得する予定の許認可の要件

すなわち、前記の法令等の変動によるコスト増加のリスクは、Employer が負担するということであり、逆にこれによるコスト減少が生じた場合には、そのメリットは Employer が享受するという定めである。

b　変更ルール（手続）

前記の法令等の変更によって、コストが増加する場合には、Contractor が、Claim の通知（Notice of Claim）として、代金の増額を Engineer に請求する（20.2.1項）。

一方、コストが減少する場合には、Employer が Claim の通知として、代金の減額を Engineer に請求する（20.2.1項）。

いずれについても、その後の手続の大きな流れは、以下のとおりである（詳細については、**第11章**で解説する）。これらの手続を通じて、具体的な金額が定まる。

① Engineer による和解協議のあっせん
② Engineer による暫定的な判断
③ DAAB（Dispute Avoidance/Adjudication Board）による和解協議あっせん
④ DAAB による判断
⑤ （DAAB による判断に異議が唱えられた場合）仲裁廷による判断

なお、前記の段階が①から⑤へと進むにつれ、紛争解決の側面が強くなり、変更ルールでありながら、紛争解決ルールの側面が強くなっていく。

また、前記の法令等の変更に伴い、工事等の内容も変更する必要がある場合には、基本的に、ContractorまたはEngineerのうち先にその必要を認識した方が、相手方に通知（Notice）を送付し、Engineer主導で、Variationの手続を進めることになる。

法令等の変更に関する前記の各定めは、Yellow BookおよびSilver Bookにおいても、特に異ならない。Silver Bookにおいて、Engineerが、Employerにとって代わられる程度である。

(5) 人件費、資材価格等のコスト変動に伴う代金額の変更

a　リスク分担ルール

人件費、資材価格等のコスト変動によっても、代金額が変更し得る。

この変更は、契約において、人件費、資材価格等のコストにつき、基準ないしインデックス（cost indexation）が定められていることが前提となる。これが定められている場合には、これらのコストの上昇または下落に応じて、代金額が増減する（13.7項）。

すなわち、この場合には、前記のコスト増加のリスクは、Employerが負担するということであり、逆にこれによるコスト減少が生じた場合には、そのメリットはEmployerが享受するという定めである。

この基準ないしインデックスとしては、物価に関する統計ないし指数が用いられることが一般的である。具体的にどの統計ないし指数が用いられるかは、通常、入札時に決められる。

また、コスト変動を具体的にどのように代金額に反映するかについては、FIDICに添付される「Guidance for the Preparation of Particular Conditions」の13.7項の箇所に、計算式の例が掲載されている。この計算式によると、比較の対象となるのは、入札日の28日前の日（Base Date）のインデックスと、出来高査定の対象期間最終日の49日前のインデックスである。これを、人件費、機材費、資材価格等の項目ごとに比較し、それぞれの変動率を反映した代金額を合計して、全体の変更後の代金額とするというのが、この計算式の基本的な構造である（ただし、変動率を適用しない項目も考えられ、かかる項目については、当初の金額をそのまま

適用する)。

　以上の計算式を適用するには、出来高査定の対象期間最終日の49日前のインデックスを入手する必要があり、相応に時間を要し得る。他方において、これを理由に、代金支払時期が遅延することは、Contractor としては許容し難いところである。そこで、FIDIC は、当該査定に必要なインデックスの入手に時間がかかる場合には、Engineer において、暫定的なインデックスに基づき代金額を支払い、最終的なインデックスが固まった後で調整することを定めている（13.7項）。

　なお、このコスト変動は、時間の経過によるものであり、いつをインデックスの適用日とするかによって、代金額が変わり得る。大規模な工事は長期間に及ぶことが通常であり、その間に人件費や物価が変動し得るところ、この適用日をいつとするかが、Contractor の履行遅滞の場合に問題となり得る。この点 FIDIC は、Contractor の履行遅滞の場面である以上、Employer に有利な定めを置いており、具体的には、①本来の竣工時において適用されるインデックス（本来の竣工時の49日前）と、②実際に工事を履行した時期において適用されるインデックス（対象期間の最終日の49日前のインデックス）のうち、より Employer に有利な方によるべきと定めている（13.7項）。

　以上は、人件費、資材価格等のコストにつき、基準ないしインデックス（cost indexation）が定められ、前記コスト増加のリスクを Employer が負担する場合であるが、その場合であっても、全てのリスクを Employer が負担するとは限らない。増加のうち一部のみを Employer が負担し、残部は Contractor が負担する（残部については代金額の増加が認められない）という取り決めもあり得る。

　さらには、前記コスト増加のリスクを、Contractor が全面的に負担するという取り決めもあり得る。契約自由の原則のもと、いかなるリスク負担の取り決めも、基本的には契約当事者の決め方次第である。ただし、この場合には、Contractor は当該リスク負担を入札価格に反映させる結果、入札価格が高くなり易くはなる。

b　変更ルール（手続）

　人件費、資材価格等のコスト変動による代金額の変更については、手続につき、FIDIC は特段の定めをしていない。

　ただし、争いが生じれば、Claim の対象となり、前記(4)記載の流れで、処理されることとなる。

　人件費、資材価格等のコスト変動に関する前記の各定めは、Yellow Book および Silver Book においても、特に異ならない。Silver Book において、Engineer が、Employer にとって代わられる程度である。

第5章 Delay

1 遅延の概念と契約上の工期に関する定め

(1) はじめに

本章では、大規模建設プロジェクトに関して、最も頻繁に争いの対象となる問題の一つである delay（遅延）について解説する。

FIDIC が対象とする大規模な建設・インフラ工事において、時間は極めて重要な意味を持つ。工事が遅れると、Employer の視点からは、工事の目的物の稼働開始が遅れることになる。すなわち、これによる収益の開始時期も遅れ、また、資金調達およびその返済にも遅れが生じ得るため、キャッシュフローおよび損益に直接影響が生じる可能性がある。また、公共工事の場合、工事の遅れは、公共への便益の供与開始が遅れ得ることも意味する。例えば、鉄道や橋の工事であれば、その完成が遅れることによって、これを利用することを前提にした経済・社会活動の開始も遅れることになる。Contractor の視点からも、工事の遅れは工期の延長を意味するため、期間に応じて発生する固定費的なコスト（人件費、建設機材リース料等）が増加する。これにより、Contractor のキャッシュフローおよび損益にも直接の影響が生じる。

しかし現実には、かかる大規模な工事は、着工前にどんなに綿密な計画を立てても、計画どおりに進むことは稀である。むしろ、Variation から、Site 用地や資材調達の問題、さらには悪天候や労働者のストライキ等に至るまで、実に様々な理由により、工事に遅延が生じるのが通常といえよう。

そして、遅延が生じれば、当初の予定になかったコスト等の負担が生じることもあり得るため、遅延の責任が誰にあるか（ひいては、誰が負担を引き受けるべきか）をめぐって、EmployerとContractorの間で紛争が起きやすい。

そこで、本章では、FIDICにおける遅延関連の規定に限らず、前記のような紛争の防止という観点も踏まえつつ、遅延に関する典型的な重要論点もいくつか取り上げて、簡単な解説を試みることとする。

(2) 遅延の概念

「遅延」とは、予め定められた期限に遅れることを意味する。翻っていえば、遅延は、予定された期限が存在することを前提とした概念である。

契約において、ある債務の履行期限が定められている場合には、それは「予定された期限」であり、期限どおりに履行がなされなければ「遅延」となる。例えば、建設契約においては、一般に、工事の開始から完成するまでの期間（工期）が定められているところ、これは契約による「予定された期限」の一つであるといえる。

また、適用法令によって履行期限が定まる場合も、「予定された期限」に当てはまると解される。

なお、予定された期限は、必ずしも特定の日時とは限らない。契約や法令の定めによっては、「合理的期間の経過後に」や「可及的速やかに」等、解釈の余地のある期限が予定されることもあり得る。

建設プロジェクトにおいて、期限が定められている債務は、工事を行う債務に限られない。例えば、Employerの代金支払債務にも、通常は期限が定められている。しかしながら、建設紛争で問題となる遅延は、圧倒的に工期の遅延である場合が多いため、本章においては、原則として、工期の遅延を「遅延」または「delay」として論じることとする。

(3) 契約上の期限に関する規定

a 工期そのものに関する規定

前述のとおり、建設契約では、工期の定めがあることが一般的である。

FIDICにおいても、工期に関する規定は明示的に設けられている。代表的なものは、以下のとおりである。

工事の開始に関しては、Engineer（Silver BookではEmployer）が、着工日（Commencement Date）を定めた通知を、当該着工日の14日前までにContractorに通知することとされている。そして、Contractorは、通知を受けた着工日当日に、またはその後実行可能な限り速やかに、工事等を開始する義務がある（8.1項）。

工事の完成に関しては、Contractorは、工事等の全部（および、工事等が複数のSectionに分けられている場合には各Section）を、Contract Dataに定められた完成日（Time for Completion）までに完成させる義務がある（8.2項）。大規模なプロジェクトにおいては、工事等をSectionに分けることも珍しくなく（例えば、基盤作りと建物自体の建設を分けたり、建物が複数ある場合には1棟ごとに分けたりする）、プロジェクト全体の完成が期限に間に合ったとしても、各Sectionの完成が期限に間に合わなかった場合には、遅延が生じたと扱われ得ることに注意が必要である。

また、契約自由の原則に従い、（適用法令の許す範囲において）当事者の合意により、FIDICの書式にない工期に関する定めを置くことも可能である。例えば、高度に技術的なインフラ建設等の場合、商用利用が可能となったことを確認して検収（Taking Over）する前段階として、建設された施設が問題なく稼働することを確認した上での仮検収（Provisional Taking Over等、呼称は個別の契約によって異なる）を行うことがあるが、その場合には、かかる仮検収の期限も契約で明示的に定められることがある。当然のことながら、このようにして定められた期限に遅れた場合にも、遅延が生じたと扱われ得る。

　b　工期に影響し得る手順に関する規定

FIDICには、工期そのものの定めではなくとも、工期に影響し得る契約上の手順に関する規定も存在する。例えば、Employerは、Contractorに対し、Contract Dataに定められた時点までに、建設現場となるSiteにアクセスする権利を与えなければならないとされている（2.1項）。これは、着工日やその後の工事の完成期限を直接定めるものではないが、

Site へのアクセス付与が遅れれば着工が遅れ、工事全体が遅延する可能性があるため、工期に影響し得る規定である。

c 工期の定めと time at large

契約に工期の定めがあっても、それが効力を失う場合があることには、注意が必要である。工期の定めが無効となる理由は、契約内容や準拠法によって様々に異なり得るが、コモン・ローにおいては、time at large という考え方がこの問題との関係でよく議論される。

time at large とは、簡単にいえば、契約上の工期までに完工しないことが明らかであるにもかかわらず、工期を変更するための規定がない等の場合に、Contractor は契約上の工期までではなく、「合理的期間」以内に工事を完成させればよいとする法理である。具体的な「合理的期間」の長さは解釈問題であり、事案によって異なる。したがって、Contractor としては、time at large の主張に成功したとしても、実際に工事の完成までにかかった期間が不合理と判断された場合には、遅延の責任を負い得ることに留意すべきである。

2 EOT

(1) はじめに

EOT とは、Extension of Time の頭文字をとった略称であり、日本語でいえば、工期延長である。

前記1(1)で述べたとおり、FIDIC が対象とする大規模な建設・インフラ工事において、時間は極めて重要な意味を持つ。

一方、前記**第1章6**のコラムにおいて述べたとおり、大規模な建設・インフラ工事においては、多様な不確定要因が避けられない。例えば、地質条件、その他の自然条件、適用される法律の改廃等があり、これらによって工事の遅れが生じることも避けられない。

加えて、工事の遅れは、このように多様な原因によるため、遅れによる損失を Employer および Contractor のいずれが負担するべきかについては、一律に定めることは合理的ではなく、原因ごとに判断する必要がある。

コラムにおいて、大規模な建設・インフラ工事契約は、契約書で予め決めきれないことが多く、事後の調整に委ねられる部分が大きいという意味において、不完備契約であると述べた。工事が遅れた場合というのは、この不完備性が顕在化し得る典型的な場面である。EOT は、この場面において重要な法概念であり、換言すれば、EOT に関するリスク分担ルールと、変更ルールが重要な意味を持つ（不完備契約においてこれらのルールが重要であることについても、コラムにおいて述べたとおりである）。

　このように EOT に関するルールは、工事の遅れによる損失を Employer と Contractor のいずれが負担するかを、その状況に応じて定めるものであるところ、一つ留意するべきこととして、この点に限定したルールではない。すなわち、EOT は、延長後の新たな期限を定めるものであり、Contractor は当該期限までに、工事を完成させる義務を負うことになる。FIDIC は、工事の円滑かつ迅速な完成を意識しており、この観点からは、期限が存在することは重要である。期限は延長されることはあっても、消えることはない（ただし、前述のコモン・ローにおける time at large の概念が適用されると、明確な期限ではなく、「合理的期間」内に工事を完成させればよいことになる）。

　また、もう一つの留意点として、EOT が対象とする損失は、Employer に生じる損失であり、これを Contractor に転嫁するか、Employer が甘受するかを定めるものである。工事の遅れにより Contractor に生じる損失については、追って解説をする。

(2) EOT に関するリスク分担ルール
a　Red Book および Yellow Book

　EOT は期限の延長である。これが認められれば、工事が遅れたとしても、延長後の期限までであれば、Contractor は遅滞の責任を負うことはない。その場合、Employer に生じた損失は、Employer が甘受することになる。これに対し、EOT が認められなければ、Contractor は遅滞の責任を負うことになる。したがって基本的には、EOT を認めるということは、リスクを Employer に帰属させるということであり、EOT を認め

ないということは、リスクを Contractor に帰属させるということである。

Red Book では、EOT が認められる場合として、以下の事項を定めており、換言すれば、以下の事項については、基本的にリスクを Employer に帰属させるという、リスク分担ルールを定めている（8.5項）。なお、Yellow Book の規定内容は、Red Book と同様である。

- 工事内容の変更（Variation）
- EOT を認める旨定めた他の条項に該当する場合
- 異常気象（exceptionally adverse climatic conditions）
- 伝染病または政府の行為による予見不可能な人工または資材等の不足（unforeseeable shortages in the availability of personnel or Goods caused by epidemic or governmental actions）
- Employer 側の事情による支障等（any delay, impediment or prevention caused by or attributable to the Employer, etc.）

また、前記の「EOT を認める旨定めた他の条項に該当する場合」としては、例えば、以下のものがある。

- 法令の遵守（compliance with laws、1.13項）
- 法令変更への対応（adjustments for changes in laws、13.6項）
- 工事現場へのアクセスの支障（right of access to the site、2.1項）
- 工事現場へのアクセス路の変更（access route、4.15項）
- 考古学または地質学上の発見（archaeological and geological findings、4.23項）

以上が、EOT の根拠の例であり、換言すれば、Employer にリスクが帰属する事項の例である。

b Silver Book

Silver Book は、turn-key contract を対象とするというものであり、Employer 側の役割が限定される一方、Contractor の役割が広範となっている。設計から Contractor の役割であり、Employer 側は、鍵を入れて、スイッチを入れれば（turn-key）、目的物が稼働できるという基本的な考え方に基づいている。

そこで、リスク分担ルールにおいても、Red Book および Yellow

Book において Employer にリスクが帰属していた事項のいくつかについて、リスクが Contractor に帰属するとされている。8.5 項記載の前記事項のうち、次の二つが、Silver Book では EOT の根拠として認められておらず、すなわち、リスクが Contractor に移転している。
- 異常気象
- 伝染病または政府の行為による予見不可能な人工または資材等の不足

(3) EOT に関する変更ルール（手続）
a 特徴およびその合理性

リスク分担ルールは、定性的な定めにとどまり、具体的な日程として延長後の工期を定めるものではない。これは、契約締結時に定められるものではなく、契約締結後に生じた事象を踏まえて、事後的に定める必要がある。そこで、不完備契約である建設・インフラ工事契約においては、不可避的に生じるかかる要請につき、効率的に対処するための変更ルールという「手続的」な規定が重要な意味を持つ。

EOT に関する変更ルールの特徴として、最初に、Contractor が Engineer に対して Claim 通知を発することが必要であり、当該通知において、根拠を示しつつ工期延長を Contractor が求めることになる（20.2 項）。すなわち、EOT は Contractor からの請求として行われ、これが認められれば工期が延長されるが、認められなければ工期は延長されず、もとの工期のままとなる。

これは、訴訟手続的な観点でみると、比喩的ないい方ではあるが、EOT については Contractor が主張立証責任を負っている。また、工事がもとの工期に遅れていることは、日時から客観的かつ明確に分かることであり、争いようがない。したがって、Contractor が EOT の主張立証に成功しなければ、工事の遅れについて Contractor は責任を負わざるを得ない、というのが基本となる。

主張立証責任の分配については、日本法では、該当法令の規定内容および趣旨に加えて、当事者間の公平の観点から、関連する事実および証拠と

の距離等が考慮される。なお、主張立証責任の分配ルールは、筆者らが認識する限り国ごとの差異はさほど大きくなく、この観点は一定程度普遍性があるといって、差し支えないと考えている。

しかるに、EOTの根拠となる事実および証拠に対する距離は、工事を行っているContractorの方が、Employerよりも近いといえる。したがって、EOTに関する主張立証責任をContractorに課すという考え方は、主張立証責任の分配ルールにおける前記観点に照らし、合理的である。

また、FIDICは工事の円滑かつ迅速な完成を意識するところ、Contractorに対して当該主張立証責任を課すことは、Contractorにとって、迅速な工事完成に対する一つのインセンティブとなる。すなわち、Contractorとしては、EOTに関する主張立証責任の負担を回避するために、あるいはその主張立証に失敗し、遅滞責任が課されるリスクを回避するために、工期どおりに工事を完成させるインセンティブを負うことになる。工事の迅速な完成に対する影響度は、通常Contractorの方がEmployerよりも強い以上、当該インセンティブの設定は、合理的といえる。

　　b　争いがある場合

EOTの変更ルールは、ContractorのEngineerに対するClaim通知によって始まる。これに対し、Engineerが許諾の応答をする（20.2項）。この応答で決着がつかない場合、すなわち、Contractorに不服がある場合には、前記**第4章1(2)**のとおり、概要、以下の流れで対応することになる（詳細については、**第11章**で解説する）。

ただし、以下の流れの途中の段階で解決すれば、その後の段階に進むことはない。また、DAABによる和解協議あっせんは、これを行うことについて、当事者が合意した場合のみ行われる（21.3項）。

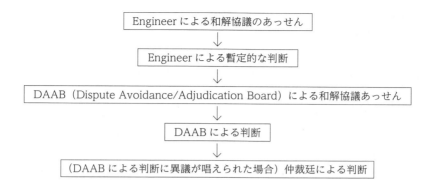

なお、前記の各手続は、Yellow Book および Silver Book においても、特に異ならない。Silver Book において、Engineer が、Employer または Employer's Representative にとって代わられる程度である。

(4) EOT の Employer にとっての必要性

前記(1)で述べたとおり、EOT を認めるということは、基本的には、遅滞の損失を Employer に帰属させるということである。ただし、EOT は Employer にとっても、必要なものである。

例えば、Employer が工期内に完了できない量の追加発注をすることは、EOT を認める条項があるからこそ可能となる。EOT ないし工期の延長が認められないことを前提とすると、工期内に完了できない量の追加発注は、契約上禁止されていると解さざるを得ず、Employer の契約違反行為として効力を否定することになると解される。

長期間に及ぶ大規模な建設・インフラ工事において、契約期間中に、Employer のニーズその他の状況が変化し、工期内に完了できない量の追加発注を Employer が望むことはあり得ることである。EOT を認める条項があることによって、このような追加発注が可能となり、換言すれば、このような状況の変化に柔軟に対応することが可能となる。

また、EOT を認める条項が存在しない場合、コモン・ローのもとでは、工期内に完了できない事情が生じた際、前記 1(3)で言及した time at large の考え方が適用される可能性がある。

EOT は、延長後の新たな期限を定めるものであり、Contractor は当該期限までに、工事を完成させる義務を負うことになる。これに対し、time at large の概念が適用されると、明確な期限ではなく、「合理的期間」内に工事を完成させればよいことになる。すなわち、Employer としては、EOT を認める条項があることによって、time at large の状況を避けることができ、少なくとも理論的には、常に明確な期限（工期）を確保することができる。

以上のとおり、EOT は、Contractor の利益を守るだけのものではなく、Employer のニーズや利益を守るものでもある。EOT の問題に対処する際には、この視点にも留意するべきである。

(5) Delay Damages
a 損害賠償の原則

前記(3)で述べたとおり、EOT については、Contractor が主張立証責任を負っている状況にあり、EOT が認められなければ、Contractor が遅滞の責任を負うことになり、より具体的には、工事の遅れによって生じた Employer の損失について責任を負う。

この責任の履行は、損害賠償という、Contractor から Employer への金銭支払いによって行われることが通常である。日本の民法では、この点、金銭賠償の原則が明記されている（民法417条）。

この損害賠償請求において、請求者である Employer は、工事の遅れによって自らに生じた損害の存在および額を主張立証しなければならない、というのが原則である。すなわち、EOT については、Contractor が主張立証責任を負うのに対して、損害については、Employer が主張立証責任を負うというのが基本である。

なお、損害賠償請求においては、そもそも被請求者に責任があるかないかを判断するための「責任論」と、責任がある場合に賠償額がいくらであるかを具体的に判断するための「損害論」とを区分することが有益である。この区分に従っていえば、責任論については Contractor が主張立証

責任を負うのに対し、損害論については Employer が主張立証責任を負うことになる。

b　Delay Damages の意義および趣旨

Delay Damages は、FIDIC 書式におけるルールの内容としては、遅延の日数に応じて、機械的に損害賠償額を算定するというものである。例えば、契約金額の一定割合の損害賠償責任が、遅延日数 1 日当たり生じるという定め方である。遅延に関する Employer の損失は、全てこの Delay Damages によりカバーされることになり、そのほかに遅延に関する損害賠償請求を Employer が行い得ないというのが、基本である（8.8 項参照）。

この Delay Damages の趣旨は、損害に関する Employer の主張立証責任の緩和である。国際的な紛争案件では、損害の主張立証が容易ではなく、専門家証人（expert witness）が起用されることも多い。特に、工事の遅れに伴う Employer の損害となると、基本的には逸失利益が想定されるところ、企業の利益額の変動要因として考え得る事項は極めて多様かつ多岐に渡るため、損害の主張立証はより一層困難となる。

そこで、Delay Damages を定めることにより、損害賠償額が機械的に定められることになり、Employer はこの主張立証の負担（多大なる負担）を免れることができる。

これは、Contractor の側からみても、複雑な係争の回避というメリットが認め得る。

以上が Delay Damages を定める趣旨である。FIDIC が対象とする大規模な工事・インフラ契約では、基本的に Delay Damages の約定があるというのが、筆者らの認識である。

c　ペナルティーとの区別

工事が遅れた場合において、Contractor に機械的に算出される金額の支払義務を課す趣旨としては、理論上、ペナルティーが考えられる。いわば罰金である。ペナルティーないし罰金を定めることにより、Contractor に遅れを回避するインセンティブがより強く働き、迅速な工事完成の可能性が高まるとも考え得る。

しかしながら、このようなペナルティーの定めは、無効とされる可能性がある。特に英国では、債務不履行に際して賠償責任者が支払うべき額を予め約定した場合に、それがペナルティー（違約金）であると判断されると、当該効力が否定され、請求者は原則どおり、損害の証明をしなければならないとされる。

そこで、Delay Damages は、ペナルティーではなく、損害賠償額の予定（liquidated damages）として位置付けられている。すなわち、実際に生じる損害額を基礎とした規定である。ただし、実際に生じた額を算定することはせずに、Delay Damages として定められた額が損害額であるとみなす、というのが、その約定の内容である。

d　Delay Damages の定め方

契約自由の原則によれば、契約内容は当事者の合意次第でいかようにも定められるというのが原則である。しかしながら、Delay Damages については、前記のとおり、実際に生じる損害額を基礎とした規定であるため、ここから乖離することには問題があり得る。特に、Delay Damages が著しく高額である場合には、ペナルティーとして評価され、効力が全部または一部において否定される可能性が十分に考えられる。そこで、Delay Damages の額ないし算定方法については、実際に生じる損害額の想定として、一定の合理性を示し得る必要がある。

3　Delay analysis

(1)　遅延分析の必要性

Contractor が Employer/Engineer に EOT を請求するには、問題となる遅延が Employer に帰責できるか、少なくとも Contractor には責任がなく、契約上 Employer が責任を負担するとされていること（例えば Exceptional Event による遅延であること）を示す必要がある。この帰責性を示す上で重要なのが、遅延分析（delay analysis）である。

遅延分析とは、簡単にいえば、「どのような事象が、どの作業に影響し、どの範囲で工期を遅延させたか」についての分析である。工期が遅れたと

き、遅延が生じたこと自体は明らかであっても、その原因となった事象や、ある特定の事象によって生じた遅延の具体的な日数等は、一見して明らかでない場合が多い。実際に工期が遅れる前に、生じ得る遅延を予想する際も同じである。特に、複数の工程が並行して進められる大規模なプロジェクトにおいては、その傾向が顕著であるため、遅延分析が不可欠であるといっても過言ではない。

(2) 遅延分析の基本的な考え方——critical path
a critical path の内容

遅延分析の手法は多種多様であるが、その多くに共通している基本的な考え方が「critical path」である。critical path とは、次のような手順によって特定される、工程表における道筋のことである。

① ある作業の完了を前提として、それに続いて行われる作業（後続作業）を特定する。例えば、コンクリートの基盤作りが終わって初めて、その上に建てる構造物の骨組み作りに進むことができるという関係にある場合は、骨組み作りが後続作業となる。なお、後続作業は一つとは限らない。

② 後続作業の特定を着工時から完工時まで繰り返し、特定されたそれぞれの作業の工程を線でつなぐ。

③ 前記②で引いた線のうち、最も長いものが critical path である。なお、最長となる線が複数存在する可能性もあるため、critical path は一つとは限らない。

これを【図3-1】を用いて説明する。作業A（10日（作業の予定日数を示す。以下、各作業に関し同様））の後続作業は作業B（20日）、作業C（5日）、作業D（10日）、作業E（20日）、作業F（20日）、作業H（15日）である。作業Bの後続作業は作業C、作業D、作業Eである。また、作業G（5日）は作業Fが終わった後しばらくしてから始まることになり、作業Eの開始までに終わらなければならないが余裕がある。作業Hは作業Eの開始までに終わらなければならないが、これも余裕がある。これら作業A～F～G～E（計55日）と作業A～H～E（計45日）をつなぐ工程上、破

線で示された部分が余裕であり、「フロート」と呼ぶ。以上の考察から作業A〜B〜C〜D〜Eの工程が最長（計65日）であることがわかる（■■■で示されている）。これをcritical pathと呼ぶ。

【図3－1】　工程表に示されるcritical pathの例

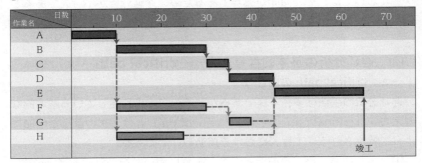

　こうして特定されたcritical pathは、工事を完成させるために必要な作業を全て完了するのに必要な時間を表している。換言すれば、critical pathの長さが、プロジェクトの完成に必要な最短期間を表していることとなる。遅延との関係でさらに換言すれば、critical path上の作業が遅れれば、プロジェクト全体の工期（および、セクションごとに工期が決まっている場合には当該工期）に遅れが生じるということである。

　critical pathの特定は、専用のプログラミング・ソフトウェアを使用して行われるのが一般的である。こうしたソフトウェアは、各工程にかかる時間や、前後関係等を計算に入れてcritical pathを導き出してくれるため、非常に便利なツールである。ただし、計算の元となるデータの精度が高くなければ、ソフトウェアを使っても正確なcritical pathを特定することは困難である。したがって、Contractorとしては、各工程の所要時間や進捗等のデータを正確にインプットしておくべきである。

　　b　critical pathの使い方

　critical pathは、本来、プロジェクトを管理するために使われるものである。すなわち、Contractorは、critical pathを特定することによって、予定どおり工事を完成させるためには、いつまでにどの作業を終わらせて

いればよいか把握し、遅延が見込まれる場合には、契約に従ってEOTを求める等の行動を取ることが想定される。なお、ある作業が実際に遅延した場合には、当該作業が終わるまでの工程が長くなるため、その時点で前述の①～③の手順をやり直すと、critical pathが当初とは異なる線を描くことがある。すなわち、critical pathは流動する可能性があり、Contractorによるプロジェクト管理も、これに合わせて臨機応変に行われる必要がある。

これに対し、遅延分析の一環としてcritical pathが使われる主な場面は、遅延に関する紛争が起きたときである。典型的には、ContractorがEmployer/EngineerにEOTを請求したものの、Employer/Engineerが拒絶したために、ContractorがDAABや仲裁による解決を求め、critical pathを用いた遅延分析の結果を証拠として提出する場合が考えられる。この場合には、実際に遅延が生じた後にcritical pathを特定するのが通常であるため、少なくともその時点までのcritical pathは確定的に示し得る。

critical pathの流動について【図3－2】を用いて説明する。作業の予定日数は、【図3－3】も含め、【図3－1】と同じものとする。作業Hはもともと15日を要する作業と計画されていたが、何らかの理由で15日間の遅れを生じた（ で示されている）とする。ところが元の工程上20日間の余裕（フロート）があったので、作業Eの開始には間に合って全体工期には影響しなかった。この場合critical pathの流動はなく、全体工程に影響しない。

【図3－2】 作業の遅延によってcritical pathが流動しない例

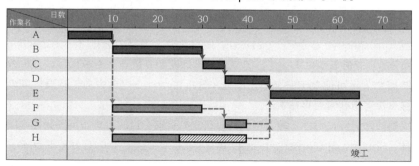

ところが【図3－3】にみるように、作業Fが15日余分にかかってしまった（▨▨で示されている）ために作業Gの前後にあったフロートを食いつぶして作業Eの開始を5日間遅らせてしまった。これは結果的に全体工期を5日間遅らせることになる。これでcritical pathは作業A～B～C～D～Eから作業A～F～G～Eへと流動したのである。

このような状況においては、全体工期を遅らせる理由となった作業Fの15日間の遅れの責任をめぐる契約紛争に発展する場合がある。

【図3－3】 作業の遅延によってcritical pathが流動する例

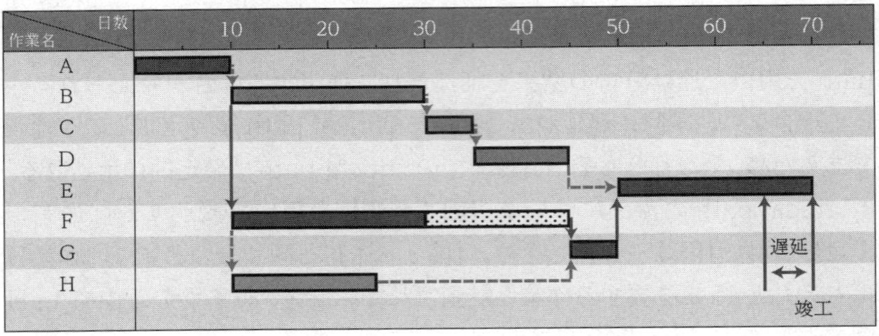

(3) 遅延分析の手法

a 概要

多様な遅延分析の手法のうち、どの手法を用いるのが適切かは、事案によって異なる。例えば、契約において、遅延分析の手法に関する定めがあれば、基本的にはそれに従う必要がある。また、これから生じる遅延の予測（prospectiveな分析）であるか、既に生じた遅延の分析（retrospectiveな分析）であるかによって、アプローチは変わり得る。さらには、分析の時点で入手可能なデータの正確性、分析にかけるべき労力、時限性等の様々な考慮要素も存在する。

建設法分野における教育や調査、研究の促進を目的とする英国発祥の団体、Society of Construction Law（SCL）が公表しているガイドライン「Delay and Disruption Protocol」（SCL Protocol）[5]では、impacted as-planned analysis や time impact analysis 等、代表的な遅延分析の手法が紹介されている。本書では、各手法の技術的な詳細には立ち入らないが、Protocol においては、どのような考慮要素に基づいてどの手法を選ぶかにつき一定の指針が示されており、参考となろう。

 b 紛争における遅延分析

 遅延に関する紛争においては、当事者が遅延分析の結果を証拠として提出することが多い（通常、EOT を請求する Contractor のみならず、EOT は認められないと反論する Employer/Engineer も遅延分析を行い、その結果を提出している）。各当事者は、自らの主張を基礎付けるのに最も有利な分析手法を採用する傾向にあるため、双方から提出された遅延分析の結果が大きく異なることも珍しくない。その場合、いずれかの分析が明らかに誤っているのでない限り、EOT が認められるべきか、認められるとしてどの程度の期間が適切かについて、DAAB や仲裁廷による精査が必要となる。

 なお、紛争が起きた場合の遅延分析は、専門家に依頼して行い、その意見書を当事者が証拠として提出するのが一般的である。また、仲裁廷も遅延分析の専門家ではないので、（当事者の選任した専門家ではなく）第三者の専門家に意見を求めることがある。

4 Delay に関するコストの請求

(1) はじめに

 前述のとおり、FIDIC が対象とする大規模な建設・インフラ工事において、時間は重要な意味を持ち、工事の遅れは様々な損失の原因となる。前記 2 の EOT（Extension of Time）に関するルールは、かかる損失のうち Employer に生じるものを対象としており、これを Contractor に転嫁するか、あるいは Employer が甘受するかを、EOT を認めるか否かによって、換言すれば、期限の延長を認めるか否かによって定めている（EOT

---

5) SCL のホームページで入手可能である。https://www.scl.org.uk/resources/delay-disruption-protocol

が認められなければ、Contractor の遅滞責任という形で Employer の損失が Contractor に転嫁され、EOT が認められれば、Contractor は遅滞責任を負わず、Employer が損失を甘受することになる）。

一方、工事の遅れは、Contractor にも損失をもたらす。例えば、工期の延長により、必要となる建設機材のリース料や、人件費が増加し、かかるコスト増は Contractor の損失といえる。ここでの検討対象は、工事の遅れにより Contractor に生じる損失ないし増加コストについて、これを Employer に転嫁するか、あるいは Contractor が甘受するかを定めるルールである。かかる損失ないし増加コストは、一般に「prolongation cost」と呼ばれる。

なお、実務的には、工事の遅延に関して、Contractor から EOT の請求と、prolongation cost の請求が同時に行われることが多い。すなわち、Contractor の多くみられる対応として、遅延の原因が Employer にリスクが帰属するものであると主張して、Employer に生じた損失は Employer に甘受してもらい、Contractor に生じた損失ないし増加コストは Employer に転嫁することを請求するということである。

(2) リスク分担ルールと、EOT との比較

Contractor に生じた損失ないし増加コストを Employer に転嫁するか否かは、基本的に、その分の工事代金増額を認めるか否かという問題として扱われる。

また、コラムにおいて述べたとおり、不完備契約である大規模な建設・インフラ工事契約において、リスク分担ルールと変更ルールが重要であるところ、工事代金額に関するリスク分担ルールは、前記**第 4 章 2** において述べたとおりである。工事遅延についても、基本的にはその遅延の原因に応じて、当該リスク分担ルールが適用され、工事代金増額が認められるか否かが判断される。

工事代金の増額の根拠となる事由は、多くの場合、EOT の根拠となる事由と重なっている。工事代金の増額が認められるということは、Contractor に生じた損失を Employer に転嫁するということであり、

Employerにリスクが帰属することを意味する。したがって、多くの場合は、Employerにリスクが帰属するという形で、Employerの損失およびContractorの損失双方について、共通のリスク分担ルールが定められている。

ただし、次の二つの事項については、EOTの根拠とされているものの、代金増額の根拠とはされていない。

- 異常気象
- 伝染病または政府の行為による予見不可能な人工または資材等の不足

すなわち、これら二つの事項については、Employerに生じた損失については、Employerにリスクが帰属し、Contractorに生じた損失については、Contractorにリスクが帰属するという、いわば各自負担というリスク分担ルールとなっている。

COVID-19に関しても、EOTはかなりの期間分認められる傾向にある一方、Contractorの増加コスト等の請求は容易には認められないという状況であるというのが、筆者らの認識である。

(3) 変更ルール（手続）

変更ルールについても、工事代金増額に関する変更ルールが適用される。その内容については、前記**第4章2**において述べたとおりである。

ただし、Contractorにとって、prolongation costの請求は、必ずしも容易ではない。Contractorは、Employerがリスクを分担すべき事由によって生じた増加コストであること、すなわち因果関係を立証する必要があり、その立証は必ずしも容易ではない。

この点についても、SCLのDelay and Disruption Protocolが参考になる。なお、SCLというのは、前記3(3)で述べたとおり、Society of Construction Lawの略称で、建設法分野における教育や調査、研究の促進を目的とする英国発祥の団体である。

同Protocolの20項は、prolongation costの請求は、別途の定めがない限り、「実際に行われた作業」「実際に要した時間」「実際に発生した損

失ないしコスト」に限って認められると定めている。これらの存在と、Employer がリスクを分担すべき事由との因果関係とを、Contractor は立証する必要がある。

なお、Delay and Disruption Protocol の 20 項は、prolongation cost の請求の目的（objective）が、Employer がリスクを分担すべき事由が存在しなかった場合と、同等の経済的地位を Contractor に確保することであるとも述べている。すなわち、Contractor が本来よりも有利な地位を得ることもないということであり、この観点からも、Contractor の立証の十分性が検討されることになる。

問題になりやすい類型としては、例えば、Contractor の Site 外での人件費がある。これは、遅延の有無にかかわらず要する費用であり、遅延の原因との因果関係が認定しづらいことが多い。

また、variation と並行して、prolongation cost が Contractor から請求される場合、それぞれで同一の項目が請求され、二重請求となっている場合（あるいは、時間ベースで算定されるべき prolongation cost と、時間は無関係な費用、例えば variation で変更された資材の調達費用が混同されている場合）もある。このような請求は当然認められるべきものではなく、prolongation cost の請求においては、このようなものが含まれていないかを検証する必要もある。

Contractor としては、prolongation cost を請求するためには、前記の各点等に留意の上、当該遅延の原因と増加コスト等について、十分な証拠を用意する必要がある。証拠の確保は、他の請求の場面でも重要なことであるが、prolongation cost については前記の難しさがあるため、十分な証拠の確保がより一層重要となる。

5　Concurrent Delay

(1)　問題の所在

本項では、Delay に関する応用形の論点である、Concurrent Delay について解説する。これは、複数の Delay の原因が同時期に発生し、かつ、

この複数の原因に、Employer がリスクを分担する事象と、Contractor がリスクを分担する事象の双方が含まれる、という場面である。Delay による損失が、Employer と Contractor のいずれに帰属するかが両論考え得るため、論点となる。

また、応用形の論点とはいっても、FIDIC が対象とする大規模な建設・インフラ契約においては、多数の様々な遅延の原因が存在し得るため、実務上 Concurrent Delay の成否が問題になることは多い。その意味において、重要な論点である。

なお、Employer がリスクを分担する遅延の原因と、Contractor がリスクを分担する遅延の原因が「同時期」に発生するという状況は、必ずしも時期が完全に一致する場合に限られない。時期が完全に一致することもあり得るものの、多くの場合は、両者の間にズレが存在する。そのズレのあり方としては、一方の存続期間が長く、他方を完全に包含することもあれば、一方が先行し、途中で重なり、他方が後続することもある。

(2) Concurrent Delay に関する EOT のルール

a　FIDIC の定め

前述のとおり、Delay に関する損失分担ルールとしては、Employer に発生する損失を Contractor に帰属させるか否かに関するルール（EOT に関するルール）と、Contractor に発生する損失ないし増加コストを Employer に帰属させるか否かに関するルール（prolongation cost に関するルール）とがある。

まず前者の EOT について、FIDIC では一応規定を設けているが、そこで述べられていることは、特約（Special Provisions）の定めに従うことと、その定めがない場合には、全ての関連事情を適正に評価して EOT に関する判断を行うということである（8.5項）。すなわち、基本的には当事者が別途定めることが期待されており、FIDIC 自身は具体的なルールを定めていない。

b　SCL Protocol の定め

そこで、一般的に参照されるルールであるが、前述の SCL Protocol が

参照されることが多い。

　SCL Protocol は、22 の基本原則（Core Principles）を定めているところ、その第 10 原則が、Concurrent Delay と EOT との関係について定めている。その内容は、Concurrent Delay においては、Contractor にリスクが帰属する遅延の原因によって、EOT が縮減されてはならない、というものであり、一見 Contractor に有利な内容となっている。

　もっとも、現時点での SCL の考え方は、次の点において、Contractor に不利な側面がある。すなわち、SCL Protocol 第 10 原則においては、ここでいう Concurrent Delay として認められるためには、Employer がリスクを分担する遅延の原因と、Contractor がリスクを分担する遅延の原因の双方が、工事の完成の遅延をもたらすことが必要であるとされている。換言すれば、前記 3(2)の critical path に、双方の遅延の原因がいずれも影響することが、ここでの Concurrent Delay として認められるために、必要とされている。

　第 10 原則の解説をみると、この点につき、現時点では SCL が Contractor に不利な考えをとっていることが明らかとなる。具体例として、Contractor にリスクが帰属する遅延の原因が 1 月 21 日から 2 月 25 日まで存続し、Employer にリスクが帰属する遅延の原因が 2 月 1 日から 2 月 14 日まで存続した場合が挙げられているところ、この場合においては、Employer にリスクが帰属する原因の存否によって工事の完成日は左右されないから、ここでいう Concurrent Delay とは認められず、Employer にリスクが帰属する遅延の原因は存在しないものとして扱われ、EOT は認められない。

　これに対して、別の考え方として、Contractor にリスクが帰属する遅延が存在しなかった場合において、14 日分（2 月 1 日から 2 月 14 日までの分）工事の完成が遅れたと考えられる以上、この 14 日分について EOT を認める考え方もある。しかし、SCL Protocol は、少なくとも現時点ではこの考え方を採用しないとしている。その背景としては、一般的に、Contractor の方が、Employer よりも工事の進捗に対してより強い影響力がある以上、Contractor が工事の早期完成に対して持つインセンティ

ブを、なるべく損なわないようにする、という配慮が考えられる。すなわち、工事の完成日に影響がないにもかかわらず、偶々Employerにリスクが帰属する遅延の原因が生じたことによって、ContractorがEOTという利益を得て、その分遅滞の責任を免れることは、工事の早期完成という観点からは、望ましくないという問題意識が考えられる。

　もっとも、SCLも第10原則の解説において、今後、現時点の考えを改めて、前記の別の考え方（EOTを認める考え方）をとる可能性があることを示唆している。現時点の考え方は、英国の下級審裁判例に基づくものであるところ、英国の上級審裁判所が別の考え方をとった場合には、見直しが必要になると述べられている。

　　c　ルールの定まり方

　法的拘束力を持つのは基本的に、法令の内容か、契約の内容である。

　すなわち、FIDICは前記のとおり、特約（Special Provisions）でConcurrent DelayとEOTに関するルールを定めることを想定しているところ、例えば、SCL Protocolの内容を契約当事者が特約として定めれば、その内容が契約内容として法的拘束力を持つ。

　これに対し、このような特約がない場合であるが、FIDICの規定によれば、全ての関連事情を適正に評価してEOTに関する判断を行うということになるところ（8.5項）、抽象的な内容であり、いかなる基準で判断されるかが明らかではない。また、建設・インフラ工事契約の解釈として、当事者の合理的意思を探求しルールを導くというアプローチも考えられるが、この合理的意思解釈の要素として様々な事項が考慮され得るのであり、その内容も一義的に明らかではない。

　他方、契約準拠法とされる国の法令によって、Concurrent DelayとEOTに関するルールが定められていれば、それを適用するというアプローチも考えられる（契約関係においても、契約書で定められていない事項については、法令を適用するというのは一般的なアプローチである）。また、前記の合理的意思解釈の要素として、当該法令の内容を重視するというアプローチもある。

　いずれにせよ、契約書ないし特約として明確に定められていなければ、

契約準拠法とされる国の法令が、重要な意味を持ち得るのであり、参照する必要性が高い。

もっとも、Concurrent Delay と EOT に関するルールを特に定めていない法令もあり、現に日本法においても、ルールは特に定められていない。その結果、具体的な手がかりがなく、仲裁人等の判断権者の裁量に委ねられることもある。

SCL Protocol はガイドであり、直ちに法的拘束力を持つものではないものの、広く参照されており、仲裁人等の判断権者の裁量に委ねられた場合には、参照される可能性が高いものである。

(3) Concurrent Delay に関する prolongation cost のルール

次に、Contractor に発生する損失ないし増加コスト（prolongation cost）を Employer に帰属させるか否かに関するルールであるが、FIDIC には、Concurrent Delay に関する規定はない。

一方、SCL Protocol は、第14原則としてルールを定めており、その内容は、Contractor がリスクを分担する原因によって生じた増加コストから切り離して、Employer がリスクを分担する原因によって生じた増加コストであることを Contractor が立証したときは、当該増加コストについて Contractor の Employer に対する請求が認められるというものである。すなわち、Contractor に発生する損失ないし増加コストについては、特別の分担ルールを定めることなく、Contractor による立証の問題のルールとして、定められている。

なお、この考え方は、FIDIC と整合し得る。すなわち、FIDIC においては、前述のとおり、基本的に、工事代金の増額が認められるか否かという形で、Contractor の損失ないし増加コストの問題が扱われるところ、Contractor がその工事代金増額の理由となる事実と、そこで増額するべき金額とを立証する必要がある。その立証を、Concurrent Delay の場合において、厳格に求めるというのが前記の SCL Protocol の考え方であり、FIDIC の枠組みと整合し得る。

このように、Concurrent Delay について、EOT の論点と、Contractor

の増加コスト（prolongation cost）の論点とで、SCL Protocol 上も異なるルールとなっているところ、これは Concurrent Delay に限らず、一般的なことである。SCL Protocol においても、第 12 原則として、EOT の問題と、Contractor の増加コスト請求の問題は別であり、一方が認められたからといって、他方が認められるとは限らないことが、明記されている。

また、第 12 原則の解説をみると、EOT の算定において、将来に向けた遅延の予想をベースにする一方、prolongation cost の算定においては、過去の時点で現実に発生した増加コストをベースとした場合、どちらも遅延期間に関する計算であるにもかかわらず、算定結果に違いが生じ得るという点が、指摘されている。要するに、算定方法に多様性があるという点からも、EOT と prolongation cost は完全に連動するものではないということである。

6　不可抗力事由による遅延

(1)　COVID-19 と不可抗力

世界的な COVID-19 の蔓延により、あらゆる業界が深刻な影響を受けたが、建設業界もその例外ではない。ロックダウン等の措置により、Site の一時閉鎖を余儀なくされたプロジェクトや、自主的な感染拡大防止措置を取るために、予定どおりに工事を進行することを諦めた Employer および Contractor も少なくなかったと推察される。また、資材の運搬や技術者の移動も困難となり、これらを前提とした作業への支障も見受けられた。特に発展途上国における国際的な建設プロジェクトでは、人員および物資の両方を他国から導入するのが通常であるところ、渡航制限により工事の進捗に大きな影響が出ている。

この非常事態において注目を集めたのが、契約の中の不可抗力条項である。工事の遅延に関していえば、COVID-19 に起因して生じた遅延につき、不可抗力に基づくものとして Contractor が免責されるか否かという点が、各国で活発に議論されてきた。

そこで、次項では、FIDICのもとでの不可抗力事由による遅延の扱いを取り上げることとする。

(2) FIDICにおける不可抗力事由
a 定義

「不可抗力」を表す英文の用語として一般的なのは「Force Majeure」であるが、2017年版のFIDIC Rainbow Suiteでは、「Exceptional Event」という用語が使われている（18.1項。なお、1999年版では「Force Majeure」が使われていたが、内容自体に変わりはない）。

Exceptional Event は、次の条件を全て満たす事象また状況として定義されている[6]。

① 当事者のコントロールが及ばない
② 契約締結前の時点では、合理的に対策を講じることはできなかった
③ 合理的に回避または克服することもできない
④ 他方当事者に実質的に帰責できるものではない

また、Exceptional Event の例として、下記(i)～(vi)のような事象が列挙されている。ただし、これはあくまで例示であり、前記①～④の条件を満たせば、他の事象や状況もException Event を構成し得ることも明示されている。

(i) 戦争、戦時活動（宣戦の有無にかかわらない）、侵略、他国による敵対的活動
(ii) 反乱、テロリズム、革命、内乱、軍部による行動または略奪行為、内戦
(iii) Contractorの関係者や従業員（Subcontractorの従業員を含む）以外の者による暴動や騒乱
(iv) Contractorの関係者や従業員（Subcontractorの従業員を含む）のみが関与しているのではないストライキまたはロックアウト

---

[6] 2022年再版においては、「exceptional」な事象である必要があることも明示的に規定されている。

(v) 軍需品、爆発物、電離放射線、または放射能による汚染に遭遇すること（ただし、Contractor がこれらの軍需品、爆発物、放射線、または放射能を使用したことに起因する場合を除く）
(vi) 地震、津波、火山活動、ハリケーンまたは台風等の自然災害

18.1 項で列挙されている事象には、COVID-19 のような疫病の蔓延は含まれていない。しかし、前記のとおり、あくまで例示であることからすれば、当該事案において①～④の条件が満たされることを示せる場合には、COVID-19 による影響が Exceptional Event を構成することはあり得よう。

b 通知要件・効果

契約の一方当事者が、Exceptional Event によって、契約上の義務を履行できなくなる場合には、当該当事者は、他方当事者に対して通知をすることにより、その義務の履行の免除を求めることができる（18.2 項）。この通知は、当該当事者が Exceptional Event を認識したとき、または認識すべきであったときから 14 日以内に、かつ、履行を妨げられる義務を特定して、発する必要がある。14 日を過ぎて通知した場合も、義務履行の免除が否定されるわけではないが、その効果は他方当事者に通知が到達して初めて発生することになる（すなわち、通知到達前の義務の不履行については責任を負うことになる）。

Exceptional Event によって当該義務の履行が妨げられている状態が続く間は、義務履行の免除も続くこととされている。

免除対象となる契約上の義務の範囲には、基本的に制限はない（ただし、支払期限の到来した金銭を支払う義務は、Exceptional Event が発生した場合でも、履行を免除されない。これは、金銭債務には履行不能が観念できないためであると思われる。なお、日本の民法においても、同じ理由で、金銭債務が不可抗力により免責されることはない）。したがって、Contractor が契約上の工期までに工事を完成させる義務も免除対象となり得る。換言すれば、Exceptional Event によって工事が遅延した場合には、Contractor は当該遅延に対する責任を負わないことになる。すなわち、EOT と同じ効果が得られるのである。

さらに、ContractorがExceptional Eventに起因する遅延にあたり、追加のコストを負担したりした場合、前記の通知を行っていれば、ContractorはEOTを請求することができる（18.4項(a)）。また、Exceptional Eventが a で述べた(i)～(v)に該当する性質のものである場合（かつ、(ii)～(v)に該当する性質のものであるときは、当該事象がSiteのある国で起きた場合）には、追加コストの支払いも請求することができる（18.4項(b)）。

しかしながら、Exceptional Eventによる遅延が著しく長引いた場合、プロジェクトを継続すること自体の合理性が下がることも考えられる。そこで、FIDICは、Exceptional Eventによって、工事等の大半が長期間その進行を妨げられたとき（継続して84日間、または、同一のExceptional Eventによって工事等の進行が複数回妨げられた場合には、合計140日間）、いずれの当事者も相手方に対して契約の解除通知を発することができるとしている（18.5項）。この場合、契約解除日は、相手方が解除通知を受領してから7日後となる。

なお、Exceptional Eventによって遅延が生じた場合、各当事者は、当該遅延を最小限に抑えるべく合理的な努力をする義務を負う（18.3項）が、この点については、遅延や損害の軽減義務に関する問題の一環として、後記7で取り扱うこととする。

(3) COVID-19に関するFIDICのガイダンス

2020年4月、FIDICは、COVID-19 guidance memorandum for users of FIDIC standard forms of works contract（Guidance Memorandum）を発表した。このGuidance Memorandumの目的は、FIDICの書式を使った契約の当事者が、互いに納得のいく解決法を探り、紛争を回避することを助けるためであるとされている。

Guidance Memorandumは、ロックダウン等によって工事が行えなくなった場合等、いくつかのあり得るシナリオに基づいた問答形式となっている。無論、あらゆる状況をカバーすることは想定されていないものの、類似の状況に置かれている当事者にとっては、有益な指針となろう。

7　遅延の軽減と acceleration

(1)　はじめに

　工事が遅延した際、仮にその原因となった事象が Employer に帰責できるとしても、Contractor がただ手をこまねいて、遅延やこれに基づく損害を拡大させた場合にまで、Contractor を完全に免責するのは不合理に思われる。この不合理性に対処するため、「遅延に基づく EOT や追加コストを Employer に請求しようとする Contractor は、遅延およびそれに起因する損害を軽減する義務を負う（かつ、Contractor がこの義務に違反した場合には、当該違反が原因で拡大した遅延や損害に関しては、Employer に請求することができなくなる）」という考え方が生まれた。これが、遅延軽減義務または損害軽減義務（duty to mitigate）と呼ばれるものである。

　かかる duty to mitigate の考え方は、建設契約の場面に限られるものではなく、普遍的に適用し得るルールとして、コモン・ロー、シビル・ローいずれの法域においても、広く採用されている。日本においても、従前より判例法理として損害軽減義務が認められており、改正後の民法 418 条にもその一端が反映されている。以下では、建設プロジェクトにおける duty to mitigate の一般的な考え方、および、その進化系ともいえる acceleration（工期の短縮）について、FIDIC の規定を取り上げつつ簡単に解説する。

(2)　建設プロジェクトにおける duty to mitigate

a　Duty to mitigate の一般的な考え方

　前述のとおり、Employer に帰責できる遅延について、EOT や追加コストを請求しようとする Contractor は、かかる遅延やこれに基づく損害を軽減する義務を負うとされている。これは、Contractor が、遅延や損害の軽減という観点から、工事等をどのように進めるべきかを考え直す必要があることを意味する。Contractor が取るべき具体的な措置は、事案ごとに異なるものの、例えば Variation による遅延が生じた場合、残りの作業の前後関係等を検討して、遅延期間が短くなるように工程表を作り

直すこと等が含まれ得る。

　ただし、Contractor は、一般的に、追加の出捐を伴う措置を取ることまでは求められていないと解されている。例えば、遅延を軽減するために、当初の作業予定時間を超えた夜間作業を行い、作業員の割増賃金等の追加コストを負担すること等は、必ずしも行わなくてもよいとされる。逆にいえば、Employer が、Contractor に対し、追加の出捐を伴う措置を取るよう要請する場合には、Contractor は、かかる措置を行うためのコストを Employer に請求できると考えられる。

　前記のような考え方は、前述の SCL Protocol にも示されている。

b　FIDIC における duty to mitigate

　FIDIC の Rainbow Suite の書式においては、遅延や損害の軽減義務を Contractor の一般的な義務として定める条文はない。ただし、前述の Exceptional Event による遅延に関しては、Contractor に限らず、いずれの当事者もが、遅延を最小限に抑えるためのあらゆる合理的な努力をしなければならないと明示的に定められている（18.3項）。そして、かかる「あらゆる合理的な努力」をする義務は、一般的に、単なる duty to mitigate よりも重い義務であると考えられている。

　したがって、Exceptional Event による遅延が生じた場合、Contractor としては、遅延軽減のために取る措置の内容を決定するに当たって、自らが「あらゆる合理的な努力」を行っていると認められ得るかにつき、（通常の duty to mitigate では必須ではないとされる）追加出捐を伴う措置の要否も含めて慎重に検討するのが賢明といえよう。

　いい換えると、Exceptional Event による遅延の場面では、わずかな追加コストをかければ取れるような措置は「あらゆる合理的な努力」に含まれると判断される可能性、ひいては、そのような措置を取らなければ遅延軽減義務に違反したと判断されるリスクがあり得るため、これを避けるべく、当該措置を取ることも一考するべきである。

(3) Acceleration の取扱い

a 概　要

　建設プロジェクトにおける acceleration とは、工事等の加速、すなわち工期の短縮を意味する。特に遅延が生じていない場面でも、構造物の利用開始日が早まった等の理由で、工期を短縮することはあり得るが、遅延を回復するために、残りの作業に要する時間の短縮が行われることもある。後者は、いわば遅延軽減措置としての acceleration である。

　当初の予定より早く作業を終える（＝accelerate する）ためには、作業員の追加や時間外作業、新たな工事用機械の導入等が必要となる可能性があり、Contractor に追加のコストが発生し得る。かかるコストを Contractor が Employer に請求できるか、また、そもそも当事者間の合意なくして acceleration を行うことができるかは、基本的には契約の定め方による。

　契約に acceleration に関する定めがない場合、Employer および Contractor が別途の合意をすることは可能であるが、後の紛争を避けるためには、Contractor が acceleration の作業を開始する前に、具体的な作業内容およびコストの支払条件を合意しておくことが肝要である。

b FIDIC における acceleration

　FIDIC においては、工事等の進みが遅い（工期に間に合わないペースである、または工程表におけるスケジュールに遅れているか遅れそうである）場合には、Engineer が Contractor に対し、スピードアップのための作業方針変更案を提出させ、Contractor のコスト負担により当該変更後の方針を実行させることができる旨の規定がある（8.7項）。これは、実質的に、Employer 側が、遅延を避ける（または軽減する）ため、Contractor のコスト負担による acceleration を指示できることを意味する。

　さらに、同項は、8.5項に基づいて Employer に帰責できる事由による遅延を軽減するために Engineer が acceleration を指示する場合には、13.3.1項の強制的な Variation の規定が適用されると定めている。したがって、Contractor は、当該 acceleration に要する費用を、Variation の手続の中で請求することが可能となる。

このほかのacceleration（例えば、特に遅延が見込まれない場合のacceleration）を、Employer側から一方的に指示できるか否かは明らかでないため、当事者間の合意に基づいて行うことが基本的には望ましい。

####　c　Contractorが自主的に行うacceleration

当事者の合意によらないaccelerationの可否が基本的に契約の定めによることは、前記(1)で述べたとおりであるが、Employer側の一方的な指示によるaccelerationに比べ、Contractorが主導するaccelerationについて契約上の定めが設けられることは少ない。実際、FIDICにおいても、かかる規定はない。

しかし、現実には、Employer側の指示や合意がないにもかかわらず、将来的な遅延を見込んで自主的にaccelerationを行おうとするContractorは存在する。

こうした場合、Contractorは、Employerの指示や合意がある場合と異なり、基本的にはaccelerationに要するコストをEmployerに請求できないことに注意が必要である。それでも、accelerationを行わない場合の遅延損害金の額と、accelerationのコストを比較して、後者の方が相当小さくなる見込みであれば、ビジネス判断として、Contractorが自己負担でaccelerationを行うことに一定の合理性がある場面も想定できなくはない。

####　d　constructive acceleration

Contractorによる完全に自主的なaccelerationとは別に、Employerの責任で遅延が発生した場合に、Contractorがaccelerationを試みることもある。すなわち、ContractorがEOTを求めたものの、Employer側から拒否されて、遅延損害金の負担を避けるためにやむなくaccelerationを行うといった場合である。これは、一般にconstructive acceleration（解釈上のacceleration）と呼ばれている。

Employerの責任による遅延に基づくaccelerationとはいえ、Employer側の指示や合意なしに行うaccelerationである以上、これに要するコストをEmployerに請求できないリスクは伴う。そこで、Contractorとしては、コスト請求の可能性を少しでも上げるために、少

なくとも、accelerationとして行う作業の内容および追加コストを、作業開始前にEmployer側へ通知しておくのが望ましいと思われる。また、Employerが、accelerationの原因となった遅延がEmployerに帰責されることを争う姿勢を維持する場合には、Contractorは、十分な論拠と証拠を準備して契約上の紛争解決手続に付する必要がある。

第6章 Disruption

1 はじめに

　大規模建設プロジェクトにおいて、前章で取り扱った delay と並んで争いとなりやすいのが、disruption である。Disruption という英単語は、「中断」や「混乱」等と訳されることもあるが、建設契約の文脈では、建設作業が阻害または中断され、効率が落ちたことによる生産性の低下 (loss of productivity) を指す。

　作業効率が落ちて生産性が低下した場合、遅延が生じたり、遅延を避けるための措置（acceleration）を行う必要に迫られたりする等の影響が考えられる。すなわち、disruption は追加のコストや損失の発生につながり得るのである。

　そこで、Contractor としては、delay と同様に、disruption についても、Employer に帰責できる場合には、生じた追加コストや損失を Employer に請求したいと考えるのが自然である。本章では、こうした disruption に基づく Contractor の請求について考察する。

2 Disruption に基づく請求

(1) 概　要

　Disruption に基づく請求は、Employer 側の事情により、Contractor が工事等を予定どおりの進捗度合いで進めることができず、工事計画を変

更せざるを得ない場合に行われ得るものである。Contractor が請求の根拠とする事象は多岐にわたるが、典型例には、Site へのアクセスが限定的にしか与えられないこと（特に、Employer がアクセス確保のための用地買収を予定どおりに進められない等の理由により、Contractor による Site へのアクセスも困難となることは珍しくない）や、Employer の提供した図面が不正確であること等が含まれる。また、Employer が行政からの要請を受け、工事の一部を先に完成させるよう Contractor に指示すること（いわゆる out of sequence work。例えば選挙の投票日に先立ってインフラ設備の完成セレモニーを行えるよう、正面部分の作業を急がせる場合等）や、複数の業者が同時に作業する際、互いの邪魔になってしまうこと等も、disruption に基づく請求の根拠とされることがある。

　一般的に、disruption に基づく請求が認められるハードルは高いものとされている。その主たる理由としては、まず、契約に disruption に基づく請求を可能とする明示的な定めがない場合が多いことが挙げられる。実際、FIDIC にも、かかる明示の定めはない（ただし、債務不履行等、準拠法のもとで disruption に基づく請求に利用できる法理があれば、請求自体は可能であると考えられる）。

　さらに、立証の難しさも、disruption に基づく請求が認められにくい理由として挙げられる。すなわち、disruption は Contractor の作業効率が落ちたことを前提とするところ、Contractor 自身の責任で効率が落ちたことにより発生したコストや損失と、Employer に帰責できる生産性の低下によるコストや損失とを明確に区別することは困難である。したがって、disruption に基づくものとして Contractor が請求するコストや損失が、Employer に帰責できる生産性の低下が原因で発生したものであること（換言すれば、当該生産性の低下とコスト・損失発生の間に因果関係があること）の立証も困難となる。

　また、disruption が起きることを事前に予測するのは難しいため、Contractor は、事後に当時を振り返ってその影響を精査しなければならないところ、disruption に該当する具体的な事象の内容や、それを原因とする生産性の低下を的確に記録した証拠が残っているとは限らない。こ

の点も、disruption に基づく請求の立証をさらに難しくしているといえよう（翻っていえば、前記のような点に関する正確な記録を残しておけば、disruption に基づく請求の成功確率を上げることができると考えられる）。

　ただし、当然のことながら、当時の記録が十分でなかったとしても、他の手段を併用して十分な立証が行えるのであれば、disruption に基づく請求も認められ得る。後述の、専門家による分析は、かかる手段の一つである。

(2)　Delay に基づく請求との区別

　Contractor は、一つの建設プロジェクトに関し、delay に基づく請求および disruption に基づく請求の両方を行うことが珍しくない。「Delay and disruption claims」とまとめて呼称されることも多く、両者は得てして混同されがちである。

　しかしながら、delay に基づく請求と disruption に基づく請求は、性質を異にするものである。両者の違いを要約すれば、delay に基づく請求は、「ある作業を、当該作業が予定されていた期間に行えなかった（それより後にしか行えなかった）ことによる余計な時間やコスト」をカバーする請求であり、disruption に基づく請求は、「ある作業を、当初の見込みより効率悪く進めたことによる余計なコスト」をカバーする請求である。

　両者の請求は、互いに独立した請求として成り立ち得る。これは、ある作業が遅延したことにより工期が遅れても、当該作業の効率には影響がない（すなわち、delay が生じても disruption は生じない）こともあれば、作業効率が悪くなっても、工期に影響しない（すなわち、disruption が生じても delay は生じない）こともあり得るからである。

　ただし、前記1でも述べたとおり、作業効率が落ちた場合、遅延が生じることは考えられる。これが、当該作業の遅延にとどまらず、工期の遅延にもつながった場合には、disruption と delay が重なることになる。逆もまたしかりであり、遅延回復のために Contractor が取った acceleration 措置の結果として作業効率が落ちた場合には、delay と disruption が重なる。こうした場合、コストや損失を請求するに当たっては、二重取りと

ならないよう注意が必要である。例えば、工期遅延が生じ、acceleration のため作業人員を増やしたところ、人口密度が過剰となり作業効率は落ちたという場合、Contractor にかかった追加コストを delay と disruption のそれぞれに基づいて満額請求することはできず、どちらか一方に基づいて請求した金額については、他方に基づいて請求する金額から差し引く必要がある。

(3) Disruption の分析

前記(1)で述べたとおり、disruption に基づく請求は立証が困難な傾向にある。Employer に帰責できる事象が発生したこと自体は立証できたとしても、当該事象が原因でどの程度生産性が低下したか、また、その結果どの程度の経済的損失が Contractor に生じたかを立証することは容易でない。そこで、disruption をめぐって紛争になった場合には、専門家に依頼して、これらの事項を分析してもらうのが通常である。

Delay の分析と同様に、disruption の分析方法も多様であるが、大まかにいえば、①現場で実際に行った作業の生産性の比較分析に基づく方法（現場データ同士の比較）、および、②予定していたコストと実際にかかったコストの比較分析に基づく方法に分けられる（施工計画と現場データの比較）。Disruption の本質は生産性の低下であることから、原則として、①の方が②より信頼性が高いとされており、前述した SCL の Delay and Disruption Protocol でも、可能な限り①の方法を採用するのが望ましいことが示唆されている（ただし、「生産性」といっても、工事の現場には不確定要素が多数存在するため、製法の確立された品物を作る工場における「生産性」とは大きく異なり、データの抽出や比較が困難なことも多い）。

そして、①の方法の中でも、measured mile analysis と呼ばれる分析法が、最も信頼性の高いものとして頻繁に用いられている。この手法は、簡単にいえば、ある作業につき、Employer に帰責できる事象によって生産性が低下していた（impacted）期間にかかった費用と、当該事象の影響を受けていなかった（unimpacted）期間にかかった費用を比べるというものである。つまり、当該作業について、impacted であった期間にかかっ

た費用が、unimpacted であった期間にかかった費用より多かった分が、Contractor の経済的損失の算定基礎となる。Impacted であった期間、unimpacted であった期間のいずれも、実際のデータを基に比較するため、より多くの仮定を置かなければならない他の手法に比べて信頼性が高いとみられているのである。

　Measured mile analysis において、理想的な比較対象となる unimpacted の期間とは、当該作業が軌道に乗ってきた頃の限られた期間と考えられる。作業の開始直後は、工具がまだ不慣れなために効率は上がりにくく、作業の終了直前も、仕上げに手間取りがちで効率が落ちやすいためである。実際の建設作業を行っている現場で、このような限られた期間を切り出すのは容易でないことから、比較用のデータを取るための模範現場（同じ作業を行うものの、その成果物を Employer に引き渡すことを目的としないモデル現場）を Contractor が設置することもある。

　Impacted であった期間や unimpacted であった期間の十分なデータがない等の理由で measured mile analysis が採用できない場合には、他の手法で disruption に基づく請求を基礎付ける必要が生じる。このような場合、Contractor としては、なぜ measured mile analysis が行えないのか、また、なぜ代替手段として選んだ手法が適切と考えられるかについて、合理的に説明できるようにしておく必要があることに留意すべきである。

第7章 Defect 等

1 リスク分担ルール

　本章では、工事目的物の不具合である defect（瑕疵）等について、解説する。紛争の対象となりやすい点であり、工事の遅延と、増加コスト請求と並ぶ、紛争の典型例といえるテーマである。なお、日本法では、民法改正により「瑕疵」という用語が「（契約）不適合」に置き換えられたが、英語の「defect」には「瑕疵」の方がより適すると考えるため、これを用いることとする。

　defect に関するリスク分担であるが、その発生原因が Contractor の業務範囲内にある限り、Contractor がそのリスクを負担するというのが基本的なルールである。

　ただし、defect に該当するか否かが明確でないこと、あるいは defect に該当するとしてもその発生原因が Contractor の業務範囲内であるかが明確でないことも多く、Contractor がその責任を否定することが往々にしてある。

　FIDIC も defect の定義は定めておらず、その該当性の判断は容易ではない。その理由としては、①瑕疵の原因やその責任のありかの究明に技術的、専門的な評価が必要になり得ること、②工事の進行に伴い、様々な建造物の構成要素が付加されていく中で、defect とされる事象がみえにくい場所に隠れ得ること、③経年劣化との区別が明確とは限らないこと等がある。これらは、紛争になりやすい理由でもある。

Contractorのリスク分担の範囲に関する規定としては、11.2項が、Remedying Defects（瑕疵の補修）が以下のいずれかに該当するときは、Contractorのリスクとコストにおいて当該瑕疵の補修作業が行われなければならないと定めている。
(i)　Contractorが責任を負っている設計に起因する瑕疵
(ii)　契約に則していない機械、材料、施工法による瑕疵
(iii)　Contractorが責任を負っている工事の作業記録の作成とその記録の最新情報維持に起因して起こる不適切なオペレーションまたはメンテナンスにより生じる瑕疵
(iv)　Contractorの他の契約違反に起因する瑕疵

　なお、前記はRed Bookの定めであり、Contractorが基本的に設計を行わないことを前提として、前記(i)が定められている。これに対して、Yellow BookおよびSilver Bookにおいては、Contractorが設計を行うため、前記(i)が「設計（ただし、Employerが責任を負う部分の設計がある場合には、当該設計を除く）に起因する瑕疵」との内容となっている。

　前記のとおり、defectに該当するとしてもその発生原因がContractorの業務範囲内かが争われることがあるが、この争いはRed Bookの場合により生じやすい。というのも、Contractorが基本的に設計を行わないため、defectの原因が設計にあるとされれば、基本的にContractorの業務範囲外となるところ、defectが設計によるか、施工によるかが容易に明らかにならないことは往々にしてあるためである。

　これに対し、Yellow BookおよびSilver Bookでは、設計もContractorの業務範囲であるため、defectの原因が設計または施工のいずれであるかの判定を要せずに、いずれにせよContractorのリスク負担という結論が導ける。この点の争いを回避できることは、Yellow BookおよびSilver Bookの一つのメリットといえ、特にSilver Bookにおいては、Employerの責任範囲が大きく限定されるため、defectの原因がEmployer側にある可能性を検討する必要性が限定的といえる。

2 工事の引渡（taking-over）との関係

　工事引渡の前後で、前記のリスク分担ルール（defect の発生原因が Contractor の業務範囲内にある限り、基本的に Contractor がそのリスクを負担する）が、大きく変わる訳ではない。

　しかしながら、工事引渡の前後で、Contractor の業務範囲が変わる面があり、具体的には、工事目的物の管理（care of the Works）の点で変わってくる。すなわち、defect は、設計または施工によって生じ得るほか、施工後の管理不備等の事由によっても生じ得るところ、工事引渡証明書（Taking-Over Certificate）の発行前は、Contractor がこの管理につき責任を負うため、この管理を原因とする defect については、Contractor が基本的に責任を負う（17.1 項）。これに対して、同証明書の発行後は、Contractor は、自らが引き起こした損害についてのみ責任を負うというのが、基本となる（17.2 項）。

　また、工事引渡後に、Contractor が設計または施工を行うことは多くはないと考えられる。

　したがって、工事引渡後に発生した defect については、Contractor がリスクを負担することは限定的であり、Employer がリスクを負担することが多くなると考えられる。このように実質的な意味においては、工事の引渡によって、defect に対するリスク分担が、Contractor から Employer に大きく移転するともいえる。

　ただし留意するべきこととして、defect の顕在化が工事の引渡後であっても、その原因が工事の引渡前に生じたものであれば、Contractor がリスクを分担する defect である可能性は多分に存在する。前記の「工事引渡後に発生した defect」というのは、工事引渡後に原因が発生した defect という意味である。

　また、工事引渡証明書（Taking-Over Certificate）が発行された後も、現場の撤去に時間がかかる等の理由により、Contractor が現場に残っていることがある。このような場合に、Employer の誤解として、引き続き Contractor が管理について責任を負っていると考えることがある。しか

しながら、管理責任の所在は、工事引渡証明書の発行によって移転するのであり、Contractor が現場にいたとしても、管理責任を負うものではなく、この点にも留意が必要である。

3 Defect Notification Period（DNP）

(1) 意 義

　FIDIC は、Defect Notification Period という用語を定めており、その定義規定（1.1.27 項）によれば、defect と損害の通知期間を意味する。その略称が、DNP である。

　この期間の始期は、基本的には Taking-Over Certificate が発行されたときである。期間は、契約書で定められた期間であるが、定められなければ 1 年間である（1.1.27 項）。ただし、下記のとおり、延長される可能性はある。

　なお、DNP の最終日から 28 日以内に、Engineer は工事履行証明書（Performance Certificate）を発行することが義務付けられている（11.9 項）。したがって、DNP は、大凡、Taking-Over Certificate が発行された後、Performance Certificate が発行されるまでの間であるといえる。

(2) FIDIC の規定内容

　FIDIC が、DNP につき規定していることは主に二つで、一つは、Contractor の義務であり、遅くとも DNP 満了までに、次の事項を完了させる必要がある。

① パンチリスト（punch list）等において確認された残課題（なお、パンチリストというのは、契約どおりに行われていない部分や、未完成の部分をリストアップしたものであり、一般に、引渡に際して作成される）

② DNP 満了までに、Employer 側から通知された defect または損害の回復

　もう一つは、Employer 側の義務であり、DNP 中に defect または損害が発見された場合に、Contractor に速やかに通知（Notice）を送付する

ことである。

　日本の民法で、defectに関して定めている期間は、担保責任を行使するための期間制限であるが（民法637条1項等）、前記のとおり、DNPは、請求権の期間制限として定められておらず、defectの修補その他の残課題を完了するべき期間として定められている。

　ただし、前記のとおり、Employerの側にも通知義務が課されており、また、Contractorの義務の対象も、パンチリスト等で確認された残課題と、Employerから通知を受けたdefectまたは損害に限られている。すなわち、パンチリスト等で確認された残課題以外については、Contractorが自らdefect等を発見し、対処する義務までは課されておらず、Employer側から通知されたdefect等にのみ対処すれば、Contractorの義務としては足りるとされている。

　したがって、Employerからみて、DNPに請求権の期間制限としての意味、すなわち、DNPの間にEmployer側が通知を怠った場合には、請求権を失うという効果も考え得る。この点につきFIDICは、明示的な規定を置いておらず、当該契約の準拠法に従い解釈されることになるところ、英国の判例では、Employerが請求権の一部または全部を失うとの効果を認める傾向にある[7]。

　DNPの延長が認められ得る場合は、契約の目的が達成できないほどのdefect等が残存する場合である（11.3項）。ただし、延長は、当初のDNPの満了日から、最大で2年間までとなっている（11.3項）。

(3) DNP経過後の請求の可否

　前記のとおり、英国の判例では、DNPの経過によって、Employerが請求権を失う可能性があるが、DNPが経過したからといって、Contractorは安心できる訳ではない。DNP経過後のdefectに関する請求の可否については、以下の視点に留意する必要がある。

---

[7] *Peace and High v Baxter* [1999] BLR 101 (CA)、*Woodlands Oak Ltd v Conwell* [2011] BLR 365、*London and SW Railway v Flower* (1875) 1 CPD 77 等。

第1に、請求の主体である。請求の主体はEmployerに限られず、例えば、工事目的物のdefectによって負傷した者がいれば、その者がContractorに対して損害賠償を請求する可能性がある。DNPは、EmployerとContractor間の契約上の取り決めであり、その拘束力の根拠は両者の合意にあるから、第三者には拘束力が及ばないことが原則である。したがって、第三者からのContractorに対する請求は、DNPによって妨げられないことが原則である。

　第2に、請求の法律構成である。請求には、大きく分けて契約に基づくものと、契約に基づかないものがある。EmployerからContractorに対しても、契約に基づかない請求が考えられ、例えば日本法上、民法の不法行為に基づく請求や、製造物責任法に基づく請求といった契約に基づかない請求を、契約当事者間で行うことが考えられる。

　このような契約に基づかない請求が、DNP経過後に許容されるか否かは、契約の定めによることになる。したがって、Contractorとして、DNP経過後には、契約に基づく請求のみならず、契約に基づかない請求も、Employerのdefectに関する請求は許容しないこととしたければ、その旨をEmployerおよびContractor間の契約で、明示することが望ましい。

　また、そもそもFIDICでは、DNP経過後の請求の可否が明確ではないため、この点を契約書上明確にすることが、望ましいとも考えられる。

　第3に、defectがみて分かるものか、隠れたものかという視点である。みて分かるものであれば、後の請求が許されない可能性が高い一方、隠れたものであれば、後の請求が許容されやすくなる。

　この方向の定めの代表例は、英国のLatent Damage Act 1986である。前記のとおり、英国の判例では、DNP経過によって、EmployerがContractorに対する請求権を失う可能性があるが、これは、みて分かるdefectについてである。Latent Damage Act 1986においては、隠れたdefect（latent defect）については、その請求権を基礎付ける事実を認識した時点（あるいは認識したと評価し得る時点）から3年間は、請求が可能である。

ただし、Latent Damage Act 1986 によって認められる請求は、negligence claim というもので、Employer は、Contractor の過失を主張立証する必要がある。

また、この過失等が生じたときから 15 年が経過したときは、隠れた defect についても請求権を失うというのが、Latent Damage Act 1986 の定めである。

なお、日本法の defect に関する担保責任は、過失の主張立証を必要としない、無過失責任である（民法 562 条、559 条等参照）。

また、日本の民法は、改正により、隠れた瑕疵であることを要件としなくなったものの、みて分かる defect については、引渡後は、その存在を認容したとして、請求が妨げられることが考えられる。

(4) DNP と資材の warranty period との間に期間の相違がある場合

Contractor が調達した資材には、その製造者による warranty period（保証期間）が定められていることがある。例えば、地下鉄の駅の工事において、Contractor が駅に設置する火災警報器を調達した際に、当該警報器の製造業者による warranty period が定められている場合が考えられる。

このような warranty period が、DNP と別途に定められた結果、両者の期間が相違する場合が考えられる。Contractor としては、DNP より warranty period の方が長い場合（後に終わる場合）には、当該資材に関する問題は、製造業者の保証によって対応してもらえると期待できるが、逆の場合には、製造業者の warranty period 終了後、DNP 終了までの間は、基本的には、Contractor が当該資材の故障についてリスクを負担することになると考えられる。このように、資材の warranty period と、DNP との期間の相違は、Contractor が負担するリスクに影響するため、特に修補に多額のコストがかかり得る資材については、Contractor としては留意が必要である。工事の遅延等が原因で、DNP が warranty period より後に終わることとなった場合には、製造業者と交渉して、

warranty period の延長に努めることも検討に値しよう。

4　修補による対処

　DNP 満了までは、defect 等への対処は、Contractor による修補が原則である（11.1項）。日本の民法では、修補請求に加えて、報酬の減額、損害賠償の請求を定めており（民法636条等参照）、この損害賠償の対象としては、他の業者に修補をさせた場合の代金も含まれ得る。すなわち、日本の民法では、注文者において他の業者に修補させることが制限されていないが、FIDIC では、前記のとおり、DNP 満了までは、Contractor による修補が基本となっている。これは、Contractor の側からみると、他の業者ではなく、自らが修補する機会が保障されていることになり、低コストで修補する努力ができる。すなわち、他の業者がより高いコストで修補し、その代金が Contractor に求償される場合と比べると、Contractor としては自らの負担を軽減し得る機会が保障されていることになる。

　この機会が保障されていないと、時として、経済的に重大な結果が生じる可能性がある。例えば、他の業者が著しく高い金額で修補を行ったような場合、求償を受けた Contractor は、Performance Bond を実行される危機や、悪ければ倒産の危機に直面することもあり得るからである。

　このように Contractor が自ら修補する「機会」は重要な意味を持ち得るが、FIDIC で保障されているのはあくまでも「機会」であり、Contractor が所定の期間内に defect 等を修補しない場合には、Employer はその裁量により、修補を自ら行い、あるいは他の業者に行わせ、その代金を Contractor に請求することができる（11.4項）。

　また、DNP 後については、FIDIC に特に規定はなく、したがって Contractor による修補が原則とも定められていない。DNP 後というのは、基本的に Performance Certificate が発行された後であるから、Contractor が工事現場から退去していると考えられるため、Contractor 以外による修補の方が合理的なことも、十分に考えられる。

　なお、Contractor が工事現場に立ち入る権利を有するのは、

Performance Certificate 発行の 28 日後までとされている（11.7 項）。Contractor は、Performance Certificate 発行後速やかに、工事現場から退去する必要があり、その 28 日後になっても Contractor の残置物がある場合には、Employer はそれを、Contractor の費用負担で処分できる（11.11 項）。

5　修補により解消されない損害

　前記のとおり、defect 等への対処はまずはその修補ということになるが、修補では償えない損害がある。defect により事故が生じ、人損あるいは物損が生じた場合、これらは defect 自体を修補することでは償えない。これらの損害については、修補に加えて、別途 Employer ないし被害者が、Contractor に対して、契約書の規定に基づき、あるいは契約準拠法とされた国の法令に基づき、損害賠償を請求し得る。

　また、defect により、工事目的物が稼働できず、そこで行われる事業につき逸失利益（lost profits）が生じることが考えられる。これも、前記の人損あるいは物損と同様に、別途損害賠償を請求することが考えられるものの、工事引渡（Taking-Over Certificate 発行）の前であれば、工事引渡の遅れに伴う稼働開始遅延の問題として、所定の遅延損害金（Delay Damages）によって処理される。すなわち、これとは別に、逸失利益の損害賠償を請求することはできない（8.8 項）。

　工事引渡の後は、通常 Delay Damages は適用されないため、defect により逸失利益が生じた場合に、これが Delay Damages によって処理されることはない。もっとも、企業が逸失利益の損害賠償を請求することは、一般に容易ではなく、その理由としては、①逸失利益は莫大な金額になり得ること、②その金額の多寡は Employer 側の事業運営により左右される一方、Contractor 側で影響力を及ぼす余地がないため、Contractor に逸失利益を負担させることの公平性に疑問があり得ること、③企業の収益は様々な要素により変動するため、逸失利益の額および因果関係を立証することが容易ではないこと等が考えられる。

なお、米国では Economic Loss Rule という法理があり、設備等の不稼働による逸失利益の損害賠償請求が、契約上の根拠がない限り制限されることが多い。

また、FIDIC においては、下記のとおり、逸失利益を原則として、賠償の対象から除外している。

6 賠償責任制限条項

大規模な建設・インフラ工事では、Contractor の損害賠償責任が極めて大きくなり得るため、Contractor としては、その額、範囲等を制限する規定を望むと思われる。一方、Employer としては、かかる規定は、Contractor から Employer への損害負担リスクの移転になるため、容易には受け入れ難いものである。Contractor の賠償責任制限条項は、当事者双方にとって重要な意味を持ち、契約交渉でもポイントとなる。

賠償責任制限条項の類型としては、次の三つがある。
① defect 等について、Contractor は修補を行うだけであり、損害賠償等のそれ以外の請求を認めない。
② Contractor の損害賠償の上限額を定める。
③ 逸失利益、間接損害（consequential damages 等）、懲罰賠償等、一定の損害項目を賠償の対象から排除する。

なお、②の上限額の定め方としては、個別の損害項目ごとに定める方法と、Contractor の損害賠償総額について定める方法があり、両者が併用されることも多い。

FIDIC では、②および③の規定を設けている。②については、1.15項（Silver Book では1.14項）が、損害賠償総額について定める方法の上限額を規定しており、また、個別の損害項目ごとに定める方法として、8.8項が、Delay Damages について上限額を定める方法を規定している。③については、1.15項（Silver Book では1.14項）が、逸失利益（loss of use of any Works、loss of profit、loss of any contract）と、間接損害（indirect or consequential loss or damage）を、原則として賠償の対象から排除し

ている。

　ただし、賠償責任制限条項は、本来損害賠償責任があるにもかかわらず、それを制限するという重大な効果を伴うため、有効性が争われることが多く、実際に有効性が全部または一部について否定されることもある。

　特に、本来賠償責任を負う側に故意、重過失等がある場合には、有効性が否定されることが多い。FIDICの前記規定においても、詐欺（fraud）、重過失（gross negligence）、故意（deliberate default）または明らかな不注意（reckless misconduct）がある場合には、賠償責任が制限されないと定められている（1.15項（Silver Bookでは1.14項）、8.8項）。

　そのほかに、有効性につき考慮される要素としては、損害の性質もある。一般に、人身被害が生じている場合には、物損や、逸失利益等の場合よりも、賠償責任制限条項の有効性が否定されやすいといえる。他方、逸失利益の場合には、前記5のとおり、もともと賠償請求自体が制限されることも多く、賠償責任制限条項の有効性が維持されやすい傾向にあると考えられる。

第8章 Suspension と Termination

1 はじめに

　契約は、両当事者の定めたとおりに履行されるべきなのが原則であり、建設契約についてもそれは同じである。ただし、不測の事態や相手方の債務不履行等が起きたとき、当事者を契約によって拘束し続けることが不合理となる場合もあり得る。このことから、契約または適用法令のもとでの解除（termination）というメカニズムを通じて、当事者が契約関係から離脱する手段を確保しておく必要が生じる。

　しかしながら、解除によって契約関係を完全に解消することは、往々にしてハードルが高い。解除後の清算処理等の負担もさることながら、仮に解除の効力が争われ、後に無効と判断された場合、相手方への損害賠償等、極めて重い経済的負担を課される可能性もある。特に、大規模なインフラ建設の契約では、こうした負担は著しいものになることが予想され、さらに、新たな契約の相手方（Employerによる解除の場合は、残りの工事等を行う新たなContractor）を探すのにも多大な労力がかかる。そこで、いわば解除の一歩手前の手段として、工事等の中断（suspension）というメカニズムが設けられることがある。

　FIDICは、suspensionおよびterminationに関し、Employerが主導する場合とContractorが主導する場合のそれぞれについて規定を設けている。本章では、これらの規定を概観する。

2 Employerの主導によるsuspension

(1) 要 件

　Employer側からのsuspensionには、厳格な要件は定められていない。すなわち、Engineer（Silver BookではEmployer）は、いつでも、Contractorに対し、工事等の一部または全部につき、中断を指示することができる。当該指示においては、中断の日付および理由を述べる必要がある（8.9項）。

　これは、Employer側からは、基本的に、どのような理由であっても中断を指示できることを意味する。すなわち、Contractorの仕事ぶりやSite特有の状況等とは全く無関係の理由、例えば有力者への配慮といった政治的理由や、COVID-19のような疫病の蔓延を防ぐためといった衛生的・人道的理由に基づいて中断を指示することもできるし、逆に、Contractorが義務違反の状態となったとき、直ちに契約の解除へ進むのではなく、解決方法を模索するために中断を指示することもできる。すなわち、suspensionは、Employerが現任のContractorを含めて当該プロジェクトを守るという意味合いも持ち得る。

　理由の内容を問わないとはいえ、suspensionは、Employerにとって気軽に利用できる手段というわけではない。むしろ、後述する効果に鑑みれば、本当に必要な場合にのみ、慎重に行うべきものであるといえよう。なお、日本法下の請負契約においては、原則として、発注者が受注者に対し、いつでも工事の中断を指示できるという権限は認められていない。FIDICでEmployerによるsuspensionが広く認められている背景には、プロジェクトはあくまでEmployerのものであり、Siteも究極的にはEmployerの現場だという共通認識が存在すると推察される。

(2) 効 果

　Employer側が工事等の中断を指示した場合、Contractorは、中断が続く間、工事等の対象物が毀損しないように保存・保管する義務を負う（8.9項）。

他方で、Employer が一方的に中断を指示できることに鑑み、Contractor のコスト増加やキャッシュフローへの影響に配慮した規定が設けられている。具体的には、工事等の中断により遅延や追加コストの負担が生じた場合には、Contractor は Employer に対し、EOT および／またはコスト（Cost Plus Profit）の支払いを求めることができる。ただし、Contractor の作業に落ち度があったり、建設対象物の一部をなす設備や資材に瑕疵があったりした場合に、これらを直すための遅延やコストについては、Employer に EOT や支払いを請求できない。また、前記の保存・保管義務の違反が原因で生じた故障や毀損等を回復するための遅延やコストも請求できない（8.10項）。

さらに、suspension が 28 日を超えた場合、中断した作業の対象である設備や資材が、工程表どおりならば中断期間中に完成形となって Site へ送られる予定であったときは、Contractor は、当該設備や資材が契約条件を満たしていることの合理的な証拠を提示し、かつ Employer の所有物であるという印をつければ、同設備や資材の価値相当額の支払いを Employer に請求できる（8.11項）。

なお、suspension の原因が Contractor に帰責できる場合（例えば Contractor による契約違反がある場合）は、Contractor は、前記の EOT やコスト、設備・資材の価値相当額の支払いを請求することはできない（8.9項）。

(3) Suspension が長引いた場合の手段

Employer 主導の suspension が長引いた場合、Contractor としては、作業再開の目途を立てたいと考えるのが自然である。

そこで、FIDIC のもとでは、中断期間が 84 日を超えた場合、Contractor は、Employer 側に通知を出すことにより、作業再開の許可を求めることができるとされている（8.12項）。Contractor からの通知の受領後 28 日以内に Employer 側が再開を指示する通知を出さない場合には、Contractor は、EOT やコストについて Employer と合意の上、中断の延長に応じるか、または新たな通知を出して、工事等のうち中断の影響を

受けている部分につき、Contractor の作業範囲から除外されたものと取り扱うことができる。あるいは、工事等の全体が中断の影響を受けている場合には、16.2項の定めに従って解除通知を出すことができる。

なお、suspension の原因が Contractor に帰責できる場合、Contractor には、作業再開の許可を求める通知を出す権利はない（8.9項）。

3 Contractor の主導による suspension

(1) 要 件

第2章等で述べたとおり、建設契約における Employer の主な義務（幹となる義務）は代金支払義務であるところ、Employer がこれを怠った場合でも、Contractor が自ら費用を投じて工事等を続けなければならないとするのは、公平とはいい難い。このような不公平に対処する方策としては、契約どおり代金が支払われなければ、Contractor に工事等を中断する選択肢を与えることが考えられる。

FIDIC の16.1項は、前記の考え方に即した規定となっている。具体的には、次のような事由が生じ、かつ、それが Employer の重大な契約義務違反となる場合に、Contractor は Employer に対して21日前に通知することにより、工事等を中断するか、進捗を遅らせることができる。

- Engineer が14.6項に従って中間支払いの金額を認定しなかった場合（この点、Silver Book では Engineer が存在せず、Engineer による認定システムもないため、Contractor の工事等の中断を認める根拠事由に含まれていない。しかし、Silver Book でも、Employer は14.6項に従って中間支払いの通知を出すこととされており、本質的には同じシステムが採用されていると解釈し得る。Engineer の存否という形式的な相違点のみで、中間支払いに関する Employer 側の懈怠を suspension の根拠事由に含めるか否かを変えることの合理性には、疑問があるといえよう）
- Employer が、2.4項に従って、工事代金を支払えるだけの資金力があることを示す証拠を提供できなかった場合
- Employer が14.7項に従って支払いを行わなかった場合

- Employer が、3.7項のもとで行われた拘束力のある合意または決定に従わなかった場合
- Employer が、21.4項のもとで下された DAAB の決定に従わなかった場合（2017年版の Rainbow Suites で追加された事由であり、DAAB（旧 DAB）の決定の執行力を高めるための改正点と推察される）

　注意が必要なのは、Contractor が16.1項に基づいて工事等を中断するためには、前記の事由のいずれかが発生したことに加え、それが Employer による重大な契約義務違反であることを証明しなければならない点である。何が「重大な契約義務違反」といえるかは解釈問題であるため、Contractor にとっての不確定要素となる。つまり、Employer が「確かに支払いは行わなかったが、やむを得ない事情があったので重大な契約義務違反ではない」等の主張を行った場合には、工事等の中断が認められるかに疑義が生じ得る。このような不確定要素を、前記の根拠事由の全てについて設けることが合理的かは、議論の余地がある。すなわち、例えば Employer が DAAB の決定に違反することは、それ自体で「重大な契約義務違反」と評価するのが相応しい事由といえないか、今後の FIDIC 書式の改定に当たって検討されるべきであるように思われる。

(2) 効 果

　前記(1)の要件が満たされる場合には、Contractor は、Employer が16.1項に基づく通知に記載された契約違反を是正するまで、工事等の中断（または進捗を遅らせること）を継続することができる。そして、工事等を中断した（または進捗を遅らせた）ことにより、工期の遅延が生じたり、Contractor がコストを負担したりした場合には、Contractor は、20.2項に従って、EOT やコストおよび Profit の支払いを請求できる。

　なお、Contractor が、Employer による違反に対して、工事等の中断や進捗の遅れという手段を取ったことは、Contractor が遅延利息（financing charges）を請求したり、後述の16.2項に基づく契約解除を行ったりすることを妨げないとされている（すなわち、工事等を中断した上で遅延利息を請求してもよいし、16.2項の要件が満たされる場合には解除をし

てもよい)。ただし、Contractor が 16.2 項に従って解除通知を発する前に Employer が違反を是正した場合には、Contractor は、合理的に可能な限り速やかに工事等を再開し、通常の進捗度合いに戻さなければならない。

(3) Employer 主導の suspension との違い
　　　——危機的状況における suspension

　前記 2(1)で述べたとおり、Employer の主導による suspension には厳格な要件がなく、基本的にはいかなる理由でも工事等の中断を指示することができることになっている。したがって、COVID-19 のような疫病の感染拡大を防ぐ必要があることや、Site のある国での内乱により工事の続行が危険であることを理由として、工事等の中断を指示することも可能である。

　これに対し、Contractor は、疫病の感染拡大リスクや内乱による危険等があっても、前記(1)の要件が満たされなければ工事等を中断することができず、勝手に中断した場合には契約違反の責任を問われることとなる。したがって、そのような危機的状況で Employer が工事等の中断を指示してくれない場合、Contractor は非常に難しい立場に置かれることとなる。実際に、東南アジアの国での内乱や COVID-19 により工事等が安全に行えない状態になっても、中断の指示を出し渋った Employer は少なくなかったようである。こうした場合、FIDIC のもとで、Contractor が契約違反をせずに工事等を中断するためには、Employer に根気よく掛け合って suspension の指示を出してもらったり、Value Engineering の仕組みを活用したりして、中断の正当化根拠を得る必要がある。

4　Employer の主導による termination

(1) 概　要

　Employer は、Contractor の債務不履行がある場合に契約を解除できるほか、理由なしにも解除できるというのが、FIDIC における基本的な

ルールである。一方、Contractor には、理由なしの解除権は認められていない。これは、工事等を誰に任せるかは、施主たる Employer が自由に決定できてしかるべきであるという発想に基づくものと考えられる。このようなルールは、適用法令のもとでの原則的なルールとは必ずしも一致しない。実際、日本法の請負契約に関する原則的なルールには、注文者による理由なしの解除は含まれていない（ただし、日本法のもとでも、当事者間の合意により FIDIC と同様のルールを設けることはもちろん可能である）。

しかし、Contactor にとって、契約の解除は、得られるはずであった工事代金の喪失を意味する。そのため、理由なしの解除の場合には、解除後の清算において Employer が Contractor に支払う金額が、債務不履行に基づく解除に比べて大きくなる等、Contractor に配慮した仕組みが設けられている。つまり、FIDIC は、工事等の委託先を自由に決定できる Employer の利益と、Contractor の経済的利益のバランスを取ろうとしているといえよう。

以下では、Employer 主導の解除を、Contractor の債務不履行に基づく解除、理由なしの解除に分けて、順次取り扱うこととする。

(2) Contractor の債務不履行に基づく termination
a 解除事由

Contractor の債務不履行に関連する解除事由は、15.2.1 項で詳細に定められている（なお、これとは別に、9.4 項(b)および 11.4 項(d)が、完工時の検査の不合格・Taking Over 後の瑕疵修補の懈怠という特定の債務不履行に基づく Employer の解除権を認めており、この場合の解除には 15.2 項が適用されないことに注意が必要である）。その大まかな内容は、下記のとおりである。

- Contractor が、義務違反の是正を Employer の通知（15.1 項に基づく Notice to Correct）によって要求されたにもかかわらず、これに従わなかった場合、または、拘束力のある合意や determination もしくは DAAB の決定に従わなかった場合で、かつ、これらに従わなかったことが、Contractor の契約上の義務の重大な違反となる場合

（前述のとおり、何が「重大な違反」であるかは解釈問題であるため、この点をめぐって紛争が生じやすい。紛争の種を減らすため、違反があれば直ちに「重大な違反」と評価できるものがないか、今後の改定において検討されることを期待したい）

- Contractor が工事等を放棄した場合、または契約上の義務を今後は履行しないという意思を明らかにした場合
- 合理的な理由なく、Contractor が契約どおりに工事等を開始・遂行しない場合、または、Contractor の責任により工事等が遅延し、Employer が Contractor に請求できる遅延損害金が契約上の上限金額を超えた場合
- 合理的な理由なく、Contractor が工事等の瑕疵についての Employer 側の通知に従わない場合、または、契約違反や安全確保を理由とした、修理・交換等に関する Employer 側の指示に従わない場合
- Contractor が Performance Security を契約どおりに提供しない、または、その有効性および執行可能性が、契約上求められる期間中継続することを確保しない場合
- Contractor が工事等の全部または一部を下請に出すに当たり、5.1項の規定を守らなかった場合、または1.7項の要件を満たさずに契約を譲渡した場合
- Contractor が破産や清算、解散等の対象となった場合（Contractor が合弁会社の場合は、合弁当事者のいずれかが破産等の対象となった場合で、他の合弁当事者が、破産等の対象となった合弁当事者の義務は連帯責任によって履行される旨を Employer に対して速やかに約束しない場合）
- 工事等や契約に関して、Contractor が贈収賄や詐欺、共謀、強要を伴う行為に関与していた合理的な証拠が発見された場合

Employer は、前記の事由に基づいて契約を解除するためには、Contractor に対し、違反を治癒するための猶予を与えなければならないのが原則である。ただし、前記のうち、最後の三つの事由に基づく解除に際しては、違反治癒のための猶予を与える必要はない。これは、当該三つ

の事由が、治癒不可能な違反とみなされているためと推察される。解除に要する手続の詳細は、次項を参照されたい。

なお、国際開発金融機関が出資するプロジェクトにおいて使用されることを想定したFIDICの書式、いわゆるPink Bookでは、Contractorによる贈収賄や詐欺等の行為に基づく解除に特化した規定が置かれている（Pink Bookの15.6項）。ただし、銀行ごとに贈収賄の定義その他の規定ぶりに関する方針が異なるため、Pink Bookには各銀行の指定したバージョンが全て記載されており、当事者としてはどれを採用すべきか注意深く確認しなければならない状況となっている。

b 解除手続

Contractorの債務不履行に基づいて契約を解除するためには、まずEmployerは通知をもって解除の意思をContractorに伝え、是正のための猶予期間を与える必要がある。Employerの通知を受領してから14日間以内にContractorが違反を是正しない場合には、Employerは、2通目の通知をもって直ちに契約を解除することができる（15.2.1項、15.2.2項）。

ただし、前述のとおり、下請や契約の譲渡に関する違反、破産等、および贈収賄等の事由に基づく解除の場合は、Employerは猶予期間を与えることなく解除通知を発して、直ちに契約を解除できる（15.2.1項、15.2.2項）。

c 解除後のContractorの義務

Contractorの債務不履行に基づいて契約が解除された後、Contractorは、Siteから立ち退かなければならない。また、Contractorは、工事等にかかわる文書や、Employerの要求する設備や資材等をEngineer（Silver BookではEmployer）に引き渡す義務を負う。さらに、Employerが1通目または2通目の通知において、Contractorに対し、下請契約の譲渡に関する指示や人命・財産および工事等の安全を守るための指示を与えた場合には、これに従う義務も負う。

この点、Employerは、通知において（または1通目の通知後、解除の効力発生前に）前記のような指示に加えて、立ち退きに関する指示や、資材

等の引渡に関する指示も行おうとすることが考えられる。しかし、14日間の猶予期間が必要な事由に基づく解除の場合、Contactor が猶予期間中に違反を是正すれば契約の解除には至らないため、猶予期間の満了前にこのような指示をすることには慎重な考慮が必要である。というのも、準拠法によっては、立ち退きや資材等の引渡といった、解除を前提とした指示を解除前に行うことは、Employer による重大な契約違反と解釈され、逆に Contractor に契約解除権が生じることになりかねないからである。

  d 解除後の工事等の取扱い

 工事等の完成前に契約が解除された場合、残りの作業をどうするかが問題となる。FIDIC のもとでは、Contractor の債務不履行に基づいて契約が解除された場合、Employer は自ら工事等を完成させるか、第三者に依頼して完成させる権利があり、かつ、そのために Contractor の設備や資材、文書等を用いることも認められている（15.2.4項）。工事等の完成にかかった費用、および工事等を完成するに当たって Employer が被った損害は、Contractor に請求することができる（15.4項(a)および(b)）。

 さらに、工事等の完成後、Contractor が Employer に対して支払うべき金額を支払っていない場合には、Employer は Contractor の設備等を売却することができる。ただし、当該設備等がリース品である等、Contractor に所有権がないことも珍しくなく、無条件に売却可能とすると権利関係が徒に複雑化しかねない。このような問題を避けるべく、Employer による売却が可能なのは、準拠法上それが認められている場合に限るものとされている（15.2.4項）。

  e 解除後の清算処理

 Contractor の債務不履行に基づく解除が効力を発生した後、Engineer（Silver Book では Employer's Representative）は、工事等の出来高や Contractor の設備等の価値、および、契約を遵守して実施されたその他の作業に関して Contractor に支払うべき金額を算定することとされている（15.3項）。FIDIC においては、契約を遵守していない作業や文書や資材、設備等については算定対象外であることも明記されているが、Employer の視点からは、契約違反の仕事に対して金員を支払わないのは

むしろ当然といえよう。

　そして、Employerは、Contractorに対し、前述の工事等の完成にかかった費用ならびに損害のほか、合理的に費やしたその他の費用（Siteの原状回復等にかかった費用を含む）、および、解除日が工事完成予定日より後であった場合には、解除日までの遅延損害金を請求することができる（15.4項）。

　ただし、このようなEmployerの請求は、20.2項の請求手続によって行わなければならないことに注意が必要である。すなわち、当事者間で合意に至らなければ、最終的にはDAABや仲裁による決定が必要となり、Employerにとっては、契約解除後もContractorに関連する手続的な負担は避けられない可能性がある。

(3)　理由なしの解除（termination for convenience）
a　基本的な考え方

　前述のとおり、FIDICのもとでは、Employerによるいわゆる「理由なし」の契約解除（すなわちEmployerの都合による解除であり、正当化理由が不要なもの）が認められている（15.5項）。プロジェクトを継続する必要がなくなったときや、継続することが不可能となったとき等に、Contractorの落ち度がなくても契約を解除できるため、Employerにとっては有益な規定である。

　理由なしの解除は、本来、Employerの都合によるプロジェクトの打ち切りを想定して設けられる契約上の仕組みである。ゆえに、伝統的には、解除した後にEmployerが残りの工事を（自らまたはContractor以外の業者に委託して）完成させることや、Contractorが解除後の清算において逸失利益の償還を受けることは想定されていなかった。FIDICの1999年版Rainbow Suitesでも、この伝統的な考え方に沿った規定が採用されていた。

　しかし、2017年版のRainbow Suitesでは、この方針が180度転換され、Employerに残りの工事を完成させる権利があることや、Contractorが逸失利益の償還を受けられることが、むしろ原則であることを窺わせる規

定に変わった。これが、工事等を誰に任せるかは、施主たる Employer が自由に決定できてしかるべきという発想に基づくものと推察されることは前述したとおりである。その背景としては、Contractor の債務不履行による解除が可能にみえる場面でも、Employer に債務不履行をめぐる紛争の解決を待つ時間的余裕がない場合もあるため、逸失利益分の追加的な金銭負担と引き換えに Employer が工事委託先を変更できるという選択肢（さらには、債務不履行の主張が認められなかった場合に備え、予備的に理由なしの解除もしておくことで、解除という結果だけは確保するという選択肢）の必要性が広く認識されたことが考えられる。

結果として、Employer は、完工までの請負代金が Contractor より安い業者に残りの工事を委託することが可能となるが、前記の追加的な金銭負担に鑑みれば、不合理ではないと評価できよう。これに対し、Employer が、Contractor との契約を維持したまま、工事の一部を契約対象から外し（omission）、より安い代金で施工してくれる業者に委託することは、Employer による不公平な「いいところどり」と考えられており、2017 年版の Rainbow Suites においても、正当な Variation として行うことはできないとされている（13.1 項）。

　b　通知要件およびその効果

理由なしの解除は、Employer が、Contractor に対する解除通知を出して行う。
解除通知を発すると、直ちに、Employer の権利義務が以下のとおり変動する。

- Contractor が作成した書面や図面につき、（対応する金額を既に支払ったか、支払いが確定しているものを除いて）使用する権利を失い、Contractor に返還する義務を負う。
- Contractor の機材、一時的構造物（足場等）、アクセス経路、その他の Contractor の設備やサービスにつき、Employer の職員や他業者による使用を許諾していた場合には、使用の継続を許す権利を失う。
- Performance Security を Contractor に返還するための手配を行う義務を負う。

そして、解除の効力は、Contractor が当該通知を受領した日、または Employer が Performance Security を Contractor に返還した日のいずれか遅い方から 28 日後に生じる（15.5項）。

c　解除後の Contractor の義務

Employer が理由なしに契約を解除した場合、Contractor は、速やかに作業をやめなければならない。ただし、Engineer（Silver Book では Employer）が、人身または財産の保護のため、あるいは保安のために指示した作業は行うことができ、かかる作業を行うために Contractor が負担したコストは、Employer に請求することができる。

また、Contractor は、工事等にかかわる文書や、設備資材等を、代金の支払いを受けた範囲で Engineer（Silver Book では Employer）に引き渡す義務、および、保安のために必要なものを除き、その他の物品を回収して Site から立ち退く義務を負う（16.3項）。

d　解除後の清算処理

解除後、Contractor は、Engineer（Silver Book では Employer）の合理的な要請に従って、工事等の出来高（Contractor が工事等のために調達した設備や資材の費用や、Contractor のスタッフや工事等のために雇った人員の引き揚げにかかる費用を含む）および解除に起因して Contractor に生じた逸失利益その他の損害を証する詳細な書類を提出することとされている。Engineer（Silver Book では Employer's Representative。以下同じ）は、かかる書類の提出を受け、Contractor に支払うべき金額を 3.7 項に従って合意または決定する（15.6項）。

Employer は、Engineer が Contractor から前記の書類を受領した後 112 日以内に、前記のとおり合意または決定された金額を Contractor に支払う必要がある（15.7項）。この支払いが行われるまでは、Employer は、残りの工事を自らまたは他の業者に委託して完了することはできない（15.5項）。これは、前記(a)で述べた方針の転換を反映した規定であり、債務不履行に基づく解除のときよりも重い金銭的負担と引き換えでなければ、工事等の委託先の一方的な変更はできないことを意味している。

5 Contractorの主導によるtermination
―― Employerの債務不履行に基づく解除

(1) 解除事由

16.2.1項は、Employerの債務不履行に基づく解除事由を詳細に定めている。その大まかな内容は、下記のとおりである。

- 「Employerが2.4項に従って工事代金を支払えるだけの資金力があることを示す証拠を提供しなかった」旨の16.1項の通知をContractorが発してから、42日以内にContractorが当該証拠を受領しなかった場合
- Engineerが、Contractorから支払いの申請書類であるStatementおよび根拠資料を受領してから56日以内にPayment Certificateを発行しなかった場合（本章3(1)のsuspensionの根拠事由と同様に、Engineerが存在しないSilver Bookでは解除事由に含まれていない。しかし、同項で述べたとおり、Silver BookでもEmployerは14.6項に従って中間支払いの通知を出す必要があり、本質的には同じシステムが採用されているため、この取扱いの差異の合理性には疑問がある）
- Contractorが、Payment Certificateにおいて支払いが確定している金額につき、14.7項に定める期限が過ぎてから42日以内に支払いを受けなかった場合（Silver Bookでは、Payment Certificateの制度がないため、14.7項に従って支払われるべき金額の支払期限を過ぎてから42日以内に支払いを受けなかった場合）
- Employerが、①3.7項のもとで行われた拘束力のある合意または決定、あるいは②21.4項のもとで下されたDAABの決定に従わず、それがEmployerの重大な契約義務違反となる場合（これも本章3(1)で述べたとおり、特定の違反が「重大な契約義務違反」に当たるかは解釈問題であり、Contractorにとっての不確定要素であるため、紛争の種となる。①②のうちの少なくとも②、すなわちEmployerがDAABの決定に従わない場合はそれ自体で「重大な契約義務違反」と評価するに相応しい事由といえないか、今後検討されることが望まれる）

- Employerが契約上の義務を履行せず、それが実質的な影響を伴い、Employerの重大な契約義務違反となる場合（「重大な契約義務違反」という要件を設けることの問題点は、前述のとおりである）
- Contractorが、Letter of Acceptanceの受領後84日以内に8.1項の定めるNotice of Commencement Date（工事等の開始を指示する通知）を受領しなかった場合
- Employerが、①1.6項の定めに従って建設契約に署名しなかった、または、②1.7項のもとで求められる合意を得ずに契約を譲渡した場合
- 工事等の中断が長引き、8.12項の定めるように、工事等の全体に影響を及ぼしている場合
- Employerが破産や清算、解散等の対象となった場合
- 工事や契約に関して、Employerが贈収賄や詐欺、共謀、強要を伴う行為に関与していた合理的な証拠が発見された場合

前記のとおり、Employerの債務不履行に基づく解除事由は、Contractorの債務不履行に基づく解除事由に匹敵する広範な内容をカバーしている。FIDICの書式を用いるような大規模プロジェクトでは、一般的に、第三者である金融機関（レンダー）がEmployerに資金を提供しているところ、Contractorがかかる広範な解除権を有することに抵抗を覚えるレンダーも珍しくない。そこで、現実には、レンダーの要望により、16.2.1項の内容が（Contractorの解除権の範囲を狭める方向で）変更されることも多い。また、Employerの債務不履行に基づく解除によりプロジェクトが頓挫するのを避けるために、レンダーが、いわゆる「step-in right」（Employerに代わって、レンダーまたはその指定する者が支払い等を行える権利）を契約に組み込むことを要求するケースもある。

(2) 解除手続

Employerの債務不履行に基づいて契約を解除する手続は、Contractorの債務不履行に基づく解除の手続と類似している。すなわち、Contractorは、まず通知をもって解除の意思をEmployerに伝え、是正のための猶

予期間を与える必要がある。Contractor の通知を受領してから 14 日間以内に Employer が違反を是正しない場合には、Contractor は、2 通目の通知をもって直ちに契約を解除することができる（16.2.1 項、16.2.2 項）。

ただし、契約の譲渡に関する違反、長引く工事の中断、破産等、および贈収賄等の事由に基づく解除の場合は、Contractor は Employer に猶予期間を与えることなく、最初の解除通知によって直ちに契約を解除できる（16.2.1 項、16.2.2 項）。

(3)　解除後の Contractor の義務

Employer の債務不履行に基づく解除後の Contractor の義務は、Employer による理由なしの解除の場合と同じである（16.3 項）。具体的な内容は、速やかに作業をやめる義務や、Site からの立ち退き義務等を含むが、詳細は本章 4(3)を参照されたい。

(4)　解除後の清算処理

Contractor が 16.2 項に基づいて契約を解除した場合、Employer は、Contractor に対して、工事等の出来高や、Contractor が工事等のために調達した設備や資材の費用、および、工事等を最後まで遂行できるとの期待に基づいて合理的に負担したコストを速やかに支払う必要がある。また、足場等の一時的な工作物や不要な設備資材等の撤去費用、および、Contractor のスタッフや工事等のために雇った人員の引き揚げにかかる費用も同様に支払う必要がある。さらに、他にも Contractor が解除に起因して損害等を被った場合には、Contractor が 20.2 項の手続を遵守する限り、かかる損害等の金額も支払うこととされている（16.4 項）。これは、不可抗力事由（Exceptional Events）に基づく解除の場合に支払われる費用よりもさらに広範な費用をカバーするものであるが、Employer の帰責事由に基づく解除である以上、Contractor にはより手厚い費用補償がなされてしかるべきとの考え方が背景にあると推察される。

なお、Employer は、Contractor に Performance Security を返還する義務も負う（4.2.3 項）。

第9章 履行の確保

1 不履行リスクの存在

　契約を締結することによって、当事者はそれぞれ権利を取得し、義務を負うことになるところ、この義務は必ず履行されるとは限らない。

　序章3で述べたとおり、契約については幹となる権利義務を意識することが有用であるところ、Employer の幹となる権利（Contractor の幹となる義務）は、工事等の実施である。この点、工事等が完成しない、あるいは不十分な形でしか行われない可能性は、一般論として否定することができない。これは、Employer からみればリスクである。また、仮にこの義務が最終的には履行されるとしても、時期的に遅延する可能性もある。**第5章1**で述べたとおり、大規模なインフラ・建設工事契約において時間は極めて大きな経済的意味を持っており、この遅延の可能性も、Employer にとってリスクである。

　一方、Contractor の幹となる権利（Employer の幹となる義務）は、代金の支払いである。これが支払われない可能性、あるいは支払われるにしても遅延する可能性は、一般論として否定できない。これは、Contractor にとってのリスクである。

　このように、契約の不履行リスクは存在するのであり、特に、大規模なインフラ・建設工事契約においては、この不履行リスクの経済的なインパクトは甚大となり得る。したがって、不履行リスクにいかに対応するかは、重要な意味を持つ。

2 不履行リスク対応の視点

不履行リスクへの対応方法、換言すれば、履行を確保するための方法としては、契約に関する一般論として、次の四つの視点が考えられる。

(1) 不履行の可能性が低い相手方と契約を締結する

まずは、極めて重要なこととして、なるべく不履行の可能性が低い相手方、換言すれば、信用性の高い相手方と契約を締結することがある。

金融機関が貸付をする際には、与信手続として、貸付先の信用情報を検討するが、このような手続の必要性は、金融機関の貸付に限ったことではなく、不履行リスクを伴う契約締結全般に当てはまることである。特に大規模なインフラ・建設工事契約であれば、その経済規模に鑑み、多額の貸付の場面同様、慎重な与信手続が必要といえる。

もっとも、現実には、常に信用性の高い相手方と契約を締結できるわけではなく、そのような場合には、他の履行確保手段でどれだけ信用補完が可能か等を検討の上、不履行リスクが許容可能なレベルにまで低減できているかを評価し、契約締結の可否を判断することになる。

(2) 不履行時の回収可能性を高める（担保の確保）

契約相手に不履行が生じた場合にも、担保によって、履行ないし回収を確保することが可能である。特に、契約相手が倒産した場合には、原則は債権者平等であり、通常は大幅な債権カットの状況となるが、担保があれば、他の債権者に優先して回収することが可能となる。

担保には大きく分けて、物的担保と、人的担保がある。物的担保というのは、財産を対象とする担保であり、インフラ・建設工事契約ではあまり用いられないかもしれないが、一般的なものとしては、不動産担保、預金・売掛金等の債権担保、在庫等の動産担保がある。

人的担保は、他者による保証等であり、インフラ・建設工事契約では、Contractorの親会社が、Contractorの義務履行を保証することが広く行われている。また、Contractorがいわゆるボンドを提供することも多い

が、これは通常、金融機関による信用状（Letter of Credit）発行等の支払約束であり、金融機関による人的担保の提供といえる。

一方、Employer には、相殺という手段がある。すなわち、Contractor が工事等の義務を怠った場合には、自らの代金支払債務と、Contractor に対する損害賠償請求権とを相殺することによって、確実に回収することができる。このように相殺には、担保的機能がある。

なお、念のため付言すると、担保には価値あるものと、そうでないものがある。物的担保の価値は、基本的に、対象となる財産の価値による。人的担保の価値は、基本的に、保証人等の人的担保提供者の信用力による。例えば、信用力の高い金融機関が発行するボンドであれば、価値の高い担保といえる。

したがって、与信作業の重要な要素として、担保価値の評価が必要となる。

(3) 手続コストが低い回収方法を確保する

不履行が発生し、履行ないし回収確保のための手続が必要になった後、その手続にどの程度のコストを要するかも重要である。手続コストが低い回収方法を確保することが望まれる。

例えば、担保を確保したとしても、裁判所での手続が必要となると、時間と費用がかかることが想定され、さらに、その所在国によっては、その時間が何年もの長期間となることが懸念される。かかる事態は、なるべく避けたいところである。

手続コストが低い回収方法の例としては、金融機関が発行したボンドの行使が挙げられる。インフラ・建設工事契約で用いられるボンドの多くは、いわゆる on-demand かつ irrevocable であり、金融機関に請求手続をとれば、速やかにかつ確実に支払ってもらうことができる。

また、Employer による相殺も、（Contractor から相殺の効力を争われた場合の紛争解決コストは別として）それ自体は手続コストが低い回収方法である。

これに対し、工事目的物の売却となると、実現が容易ではなく、仮に実

現するにしても、手続コストが大きくなることが想定される。また、親会社保証についても、任意の履行が得られなければ、仲裁、訴訟手続等が必要になり、手続コストが大きくなると考えられる。

(4) 損害の回避

通常、契約は履行できる見通しのもとで締結される。これを前提とすると、不履行が生じるのは、想定外の事態が生じたからとも考えられる。実際、想定外の事態が生じた場合には、不履行リスクが高まる。

例えば、火災や、洪水等の天災が生じると、Contractor において損害が生じ、その資金繰りが悪化し、不履行リスクが高まることが懸念される。その対処として、保険に加入しておくことにより、Contractor の損害が回避ないし軽減され、その結果、Contractor の不履行リスク増加も回避ないし軽減される。

このように保険の加入は、不履行リスクへの対処といえる。

また、より広くみると、Contractor に損害が生じることが、その不履行リスクの増加要因である以上、その損害が生じにくい工事内容とすることが、望ましいともいえる。すなわち、可能であれば、見通しの立ちにくい難しい工事を避ける（例えば、当該 Contractor が扱い慣れていない工法をできるだけ使用しないようにする）ことが、不履行リスクの観点からも、望ましいといえる。

3 Employer が有する請求権

(1) FIDIC の規定内容

ここでは、大規模なインフラ・建設工事契約において、一般的に用いられている履行確保の手段につき、留意点等のより具体的な点について解説する。

まず、Employer において、Contractor に対する請求権の履行を確保する方法であるが、FIDIC の 4.2 項が「Performance Security」という標題のもとに定めている。

まず、同項は、Contactorが、発注承諾書（Letter of Acceptance）を受領後28日以内に、Employerに対してPerformance Securityを提供し、かつ、Performance Certificateを受領し、現場から退去するまでこれを維持しなければならないと定めている。すなわち、Contractorは、工事等の義務を履行している期間中、Performance Securityを確保、維持することが義務となっている。

　なお、Performance Securityの具体的内容は、契約ごとにEmployerとContractorの合意によって定められることになるが、FIDICは、Annexesとして、書式を用意している。その書式には、以下で述べる、親会社保証およびPerformance Bondに対応するものも含まれている。

　FIDICの規定としては、次に、契約代金額が20％以上増減した場合に、これに応じてPerformance Securityの金額も増減し得ることが定められている。

　また、Employerの義務として、正当な権利なくPerformance Securityを行使してはならないことと、これに違反した場合には、Contractorに生じた損害、費用等を賠償する等の責任がEmployerに生じることが定められている。

　さらに、Employerには、Performance Certificateが発行され、Contractorが現場から退去した後、あるいは、契約が解除された後に、Performance Securityを返還する義務が生じると定められている。

(2)　親会社保証（Parent Company Guarantee）

　続いて、履行確保の具体的手段について、いくつか解説する。

　まず、Contractorの親会社保証であるが、これは、親会社が、Contractorの義務履行を保証するというものであり、これが差し入れられた場合には、Employerが、親会社に対しても、Contractorの義務の履行を請求することができる。

　Contractorとなる契約相手が、建設会社の本社ではなく、現地法人となる場合等においては、契約相手に十分な信用（資力等）が認められず、親会社保証による信用補完が必要になることが多い。実際、多くの場合に、

親会社保証が差し入れられている。

親会社保証の契約内容について、留意するべきこととしては、次の3点が挙げられる。

第1に、Contractorとの契約内容が変更となった場合に、その変更後の契約内容について、保証人である親会社の承諾等を要することなく、親会社保証の対象になることが望ましい。そうでなければ、契約内容の変更に際して、親会社の承諾を取得することが都度必要となる。

第2に、Contractorに対する請求をすることなく、あるいはこれを尽くさずに、親会社に対して保証債務の履行を請求できるか否かを、定めるべきである。請求するEmployerからすれば、いきなり親会社に保証債務の履行を請求できる方が、Contractorへの請求という前提要件について無用な争いを避けることができ、望ましい。

第3に、Contractorとの関係での紛争解決手続と、親会社との関係での紛争解決手続、特に、和解協議等の段階を過ぎた仲裁等の終局的な手続を定めるに当たっては、互換性のある手続とする（例えば、終局的な解決手段を仲裁と定める場合には、同一の仲裁機関、仲裁地等を指定する）ことが望ましい。実際に紛争となった場合に、一つの手続で一挙に解決できるということは、大きな利点である。

(3) Performance Bond

Performance Bondは、金融機関が発行するボンドであり、Contractorの工事等の義務全般を対象とするものである。信用力の高い金融機関によって発行されれば、極めて有効な履行確保の手段となる。

しかも、インフラ・建設工事契約で用いられるボンドの多くは、いわゆるon-demandであり、金融機関に請求手続をとれば速やかに支払ってもらうことができる。本章2(3)で述べたとおり、手続コストが低い回収方法を確保することが重要であるところ、この意味においてもPerformance Bondは優れている。

もっとも、Employerが正当にPerformance Bondを行使できるのは、Contractorに不履行等があった場合で、かつ取得した損害賠償請求権の

金額の範囲内である。他方、インフラ・建設工事契約上はこのような制限が課されていたとしても、Performance Bond は金融機関との間における、別の契約関係であるため、このような制限に服することなく行使可能である。そのため、Employer は、本来正当に行使できない場合であっても、実際問題として、Performance Bond を行使することができてしまう。

しかし、これは許されることではない。また、Performance Bond が行使されると、当該金融機関との関係を中心に、Contractor の信用が損なわれることになり、かつ、Contractor の資金繰りに悪影響がおよび得るため、Performance Bond の行使は慎重に行われるべきものである。そこで、FIDIC の4.2項では、前記3(1)のとおり、Employer の義務として、正当な権利なく Performance Security を行使してはならないことと、これに違反した場合には、Contractor に生じた損害、費用等を賠償する等の責任が Employer に生じることが定められている。

このように Performance Bond は Employer にとって強力な手段であるが、二つの留意点がある。一つは金額の上限である。通常、Performance Bond には上限額が定められ、その範囲内でのみ行使可能である。したがって、その上限額が十分であるかは、確認が必要である。

他の一つは、期限である。Performance Bond には期限があり、期限内に行使しないと効力を失う。そのため、工事が遅延した場合には、Performance Bond の期限も延長する必要がある。前記3(1)のとおり、この延長は Contractor の義務（Performance Certificate を受領し、現場から退去するまで Performance Security を維持する義務）として定められているが、この延長が行われなければ Performance Bond を失う結果となってしまうため、Employer としては、延長が確実に行われることを確認することが重要である。

なお、以上は、Performance Bond がいわゆる on-demand であり、金融機関に請求手続をとれば速やかに支払ってもらえることを前提とした解説である。Performance Bond の記載如何によっては、この on-demand という前提条件が満たされず、スムーズな支払いが得られないことが懸念される。ポイントは、請求の条件ないし手続であり、その中に

曖昧なもの、ハードルが高いものが含まれていないことは、Employer としては確実に押さえておきたいところである。

(4) 相　殺

相殺は、Employer の意思表示によって、Employer の Contractor に対する損害賠償請求権と、Contractor の Employer に対する代金請求権とを、対当額で消滅させるものである。

Employer からみると、意思表示だけで、確実に回収をすることができ、極めて有効な手段である。

もっとも、Contractor の資金繰りを悪化させ得るため、工事の途中段階で相殺を行うと、工事が停止してしまうおそれもある。資金繰り上、問題がないとしても、Contractor が反発し、工事が停止してしまう可能性もある。したがって、Employer は、相殺を行うか否かの判断に際しては、工事への悪影響の有無を考慮する必要がある。

また、契約上相殺が禁止されている場合があり、その場合には相殺を行うことはできない。

相殺が禁止されていなくても、相殺ができるのは、Employer の残代金債務の範囲内であるから、代金の支払条件によっては、Employer の残代金債務があまり残っておらず、相殺による回収が十分には行えないことも考えられる。大規模なインフラ・建設工事契約において、支払条件は各当事者のキャッシュフローに影響を及ぼすという意味において重要であるが、相殺が可能になり得る範囲という点でも、重要な意味を持ち得る。

(5) ジョイントベンチャー (JV)

親会社保証と類似する話ではあるが、Contractor を複数の企業によるジョイントベンチャーとし、その複数の企業に Contractor としての全ての義務を負わせれば、履行確保の手段となる。すなわち、ジョイントベンチャーを構成する企業に、信用力の低い企業が含まれていたとしても、他に信用力の高い企業が含まれていれば、最終的には、この信用力の高い企業に全責任を負わせることによって、履行ないし回収の確保をはかること

が期待できる。

4 Contractorが有する請求権

(1) Employerとの関係

　ContractorがEmployerに対して有する代金債権について、FIDICは履行確保の手段を特に定めていない。EmployerのContractorに対する請求権については、前述したようにPerformance Securityに関する規定があるところ、これとは扱いが異なっている。

　もっとも、Contractorには、代金が支払われない限り、工事を止めるという手段がある。これは、工事の完成を望むEmployerに対して、強力な手段となり得る。この点については、**第8章3**で述べたとおり、FIDICでも、Employerに代金不払いがあった場合には、工事を止められること（suspension）が定められている（16.1項）。なお、工事が止まることは重大な事態であり、FIDICが本来望むところではないため、止める21日以上前にEmployerへの通知を送付することと、不払いが重大な違反（material breach）に該当することを条件としている（16.1項）。もっとも、このような通知にもかかわらず契約条件に反して代金が支払われない事態は深刻であり、一般論として、重大な違反に該当する可能性が高いと考えられる。

　加えて、Employerは、代金の支払いのための資金計画（Financial Arrangements）を、契約締結段階で示す必要があり、この点について、ContractorはEmployerに対して合理的な証拠（reasonable evidence）を求めることができる（2.4項）。この証拠提供を怠ったときも、Contractorが工事を止める理由となり得る（16.1項）。

　次に、工事を止めるという手段によっても代金が支払われない場合、Contractorによる回収方法として考えられるのは、工事の目的物から回収を得る方法である。ただし、FIDICにおいては、現場に資材等が入った時点で、Employerの所有物になると定められており、Contractorが目的物の所有権を維持することは予定されていない（7.7項）。したがっ

て、この定めを修正しない限り、Contractor が、工事の目的物から回収を得ることは困難とも思われる。

　もっとも、工事現場の準拠法によっては、目的物からの回収可能性も考えられる。例えば、日本法であれば、Contractor が留置権に基づく競売を申し立てることによって、回収が得られる可能性がある。なお、担保権、所有権等の物権については、準拠法として一般に、その目的物所在地法が適用される（法の適用に関する通則法13条1項参照）。したがって、回収の局面では、契約で定められた準拠法のみならず、目的物の所在地である工事現場の法律も参照する必要がある。

　その他、Employer からの支払確保については、**第2章3**でも述べているため、参照されたい。

　ただし、**第2章3**でも述べたとおり、FIDIC を用いるような大規模プロジェクトには公的資金が投入されていることが多く、Employer の代金支払能力に疑義が生じる場面は限られている。Contractor の立場からすると、実務的には、claim を認められるまでは大変であるが、claim が認められた後、これに基づく支払いを得ることは大変でないことが多い。

(2) Subcontractor との関係

　Contractor は、Employer のみならず、Subcontractor（下請業者）とも契約関係に立つ。しかも、Subcontractor の不履行は、基本的に、Employer との関係では、Contractor の不履行とみられる（5.1項）。したがって、Subcontractor の履行確保は、Contractor にとって、重要事項である。

　とはいえ、Employer が Contractor に対して確保する Performance Security のようなものを、Contractor が Subcontractor に対して確保することは一般的ではない。例えば、Performance Bond が Subcontractor から Contractor に対して提供されることは、一般的ではない（もっとも、多額に及ぶ下請契約において、Performance Bond が提供される例はある）。

　これを前提とすると、Contractor としては、本章2で述べた、履行確保のための四つの視点のうち、**(1)不履行の可能性が低い相手方と契約を締**

結することや、**(4)損害の回避**といったものが、より重要と考えられる。

また、これらの関係では、発注する工事の規模、難易度が関係するため、発注先の実力に応じた範囲で、工事を発注することも重要である。

5　保　険

保険は、本章2で述べた視点のうち、**(4)損害の回避**に該当する手段である。

FIDICにおいては、Contractorに、以下の各項目を対象とする保険に加入し、工事目的物のEmployerへの引渡（Taking-Over Certificate for the Worksの発行）が完了するまで等の必要期間、保険の効力を維持する義務が課されている（19.1項、19.2項）。

効力との関係では、保険料（premium）が確実に保険会社に支払われることが重要であるため、Contractorはその支払いの証明を、Employerに提出する必要があり、また、Contractorが支払いを怠った場合には、Employerが代わりに支払い、その分を工事代金から控除することが認められている（19.1項）。

- 工事の目的物（Works）を対象とする財物保険
- Contractorの工具、機械、資材等（Goods）を対象とする財物保険
- Contractorが設計について責任を負う場合には、その専門家としての義務に違反した場合についての損害賠償責任保険
- 工事等の実施に伴う人損および物損を対象とする損害賠償責任保険
- Contractorの被用者の人損を対象とする損害賠償責任保険
- 法令および工事現場の慣習により必要とされる保険

以上のとおり、FIDICは、種々の保険によって多くのリスクをカバーすることを予定している。

保険加入に際しては、保険会社による代位請求（subrogation）に留意する必要がある。例えば、保険会社が、Employerに対して保険金を支払った後、Contractorに責任があるとして代位請求をするのでは、

Contractor との関係で損害が回避されず、その義務の履行確保という目的に沿わないからである。したがって、このような代位請求を避けようとする場合には、保険の契約条件（Policy）を定めること、Employer および Contractor の双方を被保険者とすること等の配慮が必要である。

第 9 章
履行の確保

第10章 ジョイントベンチャー（JV）

1 はじめに

　Contractor が、複数の企業によるジョイントベンチャー（JV）として構成されることは、国内外を問わず、よくみられることである。JV を組成する理由としては、技術力の補完、資金提供力の補完、リスクの分散等が、一般的に考えられるところである。すなわち、一社のみでは、工事に必要な技術力が全てカバーできない場合、十分な資金が提供できない場合、リスクが大きすぎる場合等において、これを複数の企業で補完ないし分担し合うことによって、対応するということである。

　また、一社のみで十分対応可能な場合であっても、Employer の意向によって、JV が組成されることがある。具体的には、Employer が公的機関である場合に、地元の建設会社の経験値、技術力等を高めるために、これと大手建設会社との JV 組成を求めることがある。

　ただし、JV は、法律関係を複雑にする要因である。一般論として、多数当事者間の契約関係ないし法律関係は複雑である。しかも、大規模な建設・インフラ工事の法律関係は、もともと複雑であり、JV が組成されることによって、これがより一層複雑となる。

　そこで、この複雑さにいかに対処するかが重要になるところ、**序章**より述べてきたとおり、幹となる権利義務に着目することが有益である。以下、JV の形態について若干の確認をした上で、Employer および Contractor それぞれの視点で、幹となる権利義務およびその他の重要事項について、

留意するべき視点を解説する。

2　JVの形態に関する視点

(1)　構成員から独立した法人

　JVの形態は、組成される国の法律（準拠法）によって様々なバリエーションが考えられるものの、大きな視点としては、JVが、構成員から独立した一つの法人となるか、否かという点が重要となる。この違いは、Employerとの工事契約の当事者の違いに表れる。JVが構成員から独立した一つの法人である場合には、この法人が工事契約の当事者となり、構成員である個々の企業は、工事契約の当事者とはならない。これに対し、JVが独立した法人として組成されない場合には、構成員である複数の企業が、工事契約の当事者となる。

　実質的な違いとして重要なことは、JV構成員の責任の範囲である。例えば、JVが構成員から独立した株式会社として組成され、JVの構成員が株主となる場合、株主はその出資額の範囲でしか責任を負わないというのが原則になる。JVの構成員は、工事契約の当事者ではないため、その責任を直接負うことはない。

　これに対して、JVの構成員が工事契約の当事者となる場合には、当事者として直接責任を負うことになり、出資額の範囲という責任限定はない。

　もっとも、この相違は、別途の手当により修正され得るものであり、絶対的に貫かれるものではない。JVが構成員から独立した株式会社として組成されたとしても、その構成員が保証人として、JVの義務を保証することは一般的に行われており、この場合JVの構成員がEmployerに対して直接義務を負うことになる。

　他方、JVの構成員が工事契約の当事者となる場合にも、損害賠償額の上限を設ける等、責任範囲を限定することも可能である。

　ただし、独立した法人を組成するか否かによって、法律関係は大きく変わり得るのであり、重要な視点である。相違は、JV構成員の責任範囲以外にも、例えば、税金、決算情報等の開示義務の範囲、許認可の取得しや

すさ等において生じ得る。これらの相違を総合的に比較し、案件ごとに適切な形態を選択することになる。

(2) 組合・パートナーシップ（partnership）

これは、JVの構成員から独立した法人を組成しない場合を対象とする視点である。この場合、複数の構成員がEmployerとの工事契約の当事者となるところ、当該構成員の関係が組合、パートナーシップといった特定の関係か否かが法律上重要な意味を持ち得る。

これも、JV構成員の責任範囲に関係する。すなわち、適用される法律（準拠法）次第ではあるものの、一般に組合ないしパートナーシップとされると、JV構成員の全員が、工事契約のContractorの義務全体について責任を負うことになり、いわば無限責任を負うことが原則となる。組合ないしパートナーシップという用語は、法律的な意味合いをあまり考えずに用いられることがあるが、重要な効果を伴い得る概念であるため、留意して用いられるべきものである。

3　Employerの視点

Employerにとって、Contractorに対する幹となる権利は、工事等を行うことを請求する権利である。また、これが履行されない場合には、その代わりに損害賠償を請求する権利も重要である。

JVが、構成員から独立した法人として組成される場合、当該法人は通常、当該工事のためだけの法人であり、永続性のない法人である。したがって、信用性の高い相手方とは一般的にいい難く、**第9章3**で述べた、履行を確実なものにするための担保の確保が必要と考えられる。その一つとして、構成員の保証を取得することは有効な手段であり、前述のとおり、一般的に行われている。

この保証に限らず、複数の債務者がいる場合に共通して当てはまる事項であるが、各債務者の義務の範囲が、全体に及ぶか、個別に分割されるかは、重要な意味を持つ。日本法でいえば、全体に及ぶ代表例が連帯債務と

（義務全体の）保証であり、個別に分割されるのが分割債務である。英語では、全体に及ぶ債務は一般に、「joint and several liability」と称される。

債権者である Employer からみると、全体に及ぶことが望ましい。個別に分割される場合、一部の債務者に不履行があった場合、他の債務者ないし保証人にその履行を求めることができない可能性があるが、全体に及ぶのであれば、他の債務者ないし保証人に対しても履行を請求することが可能である。

したがって、Employer からすれば、JV が構成員から独立した法人として組成される場合には、各構成員がそれぞれ JV の義務全体を保証することを望むことになり、かかる法人が組成されず、構成員が直接 Employer との工事契約の当事者となる場合には、各構成員がそれぞれ全体に対する義務を負うこと（連帯債務ないし joint and several liability）を望むことになる。FIDIC においては、この点についての規定が予め設けられており、Contractor が JV の場合には、JV の各構成員は、Contractor の契約上の義務履行につき、Employer に対して「jointly and severally liable」であるとされている（1.14 項。Silver Book では 1.13 項）。

4　Contractor の視点

(1)　役割分担等

Contractor にとって、幹となる権利は、Employer に対する代金の請求権である。ただし、ここでの想定は Contractor において JV が組成される場合であり、Employer 側に特殊な点はないから、代金の支払いや、その履行確保に特段特殊な点はない。特殊な点があるのは、受領した代金を、JV 構成員間でどのように利用し、分配するかであり、この点の定めが必要になる。

また、Contractor にとっての幹となる義務、工事等を行う義務をいかに履行するかについても、特殊な配慮が必要である。JV 構成員間で、どのように分担して、履行するかを定める必要がある。工事等を行うためには、そのための人材、資材、物資、資金等を確保する必要があるが、その

一つ一つについて、どの JV 構成員の役割かを、具体的かつ明確に定める必要がある。

そこで、FIDIC が対象とするような大規模な建設・インフラ工事においては、詳細な JV 契約が締結されることが一般的である。

JV 構成員にとって、JV 契約は重要な意味を持つものであり、これが適切に締結できなければ、Contractor の一員として当該プロジェクトに参加することは困難である。そのため、JV 契約は、Employer との工事契約と並行してその調整ないし交渉が進められ、遅くとも Employer との工事契約が締結されるのと同時点までに、JV 契約が締結されることが通常である。

なお、JV 契約においては、構成員間のシェアが、数値的に定められることが一般的である。例えば、構成員が 2 社であれば、50：50、60：40 といったものであり、3 社であれば、40：30：30 といったものである。基本的にはこの割合に従って、収益分配、損失負担、資金提供、労力の提供等を行うことが通常である。

また、JV 契約においては、構成員の中から、JV を対外的に代表するリーダーが定められることが一般的である。前記のシェアに差があれば、最も大きなシェアを有する構成員がリーダーになることが、一般的である。

(2) JV 内の意思決定

JV 内の意思決定方法は、JV 契約の重要な規定事項である。方法としては、リーダーが単独で決める、構成員がそのシェアに応じた投票権を持ちその多数決で決める、構成員の全員一致を必要とする、等が考えられる。決定事項ごとに、適切な方法を選択し、JV 契約に規定することになる。

なお、FIDIC では、リーダーが Contractor 全体および各構成員を拘束する権限を持つことが、デフォルトの規定とされている（1.14 項。Silver Book では 1.13 項）。

(3) JV の構成員変更、解消等

特殊な場面として、JV の構成員変更、解消等が必要なことも可能性と

しては存在する。JV契約では、その場合に備えて、構成員変更、解消等がいかなる場合に生じるか、そのための手続、生じた場合の損失分担等について定められることも一般的である。

　これらに加え、FIDICにおいては、JVの構成員変更や、各構成員が手掛ける仕事の範囲、およびJVの法的ステータス（例えば、株式会社として設立されたのであれば、株式会社であるというステータス）は、Employerの同意なくして変更することはできないと定められていることに注意が必要である（1.14項。Silver Bookでは1.13項）。

(4) 他のJV構成員に対する与信等

　第9章において、履行の確保について述べたが、そこで想定したのは、EmployerとContractorとの間における履行確保であった。JVにおいては、JV構成員間での履行確保も考える必要がある。特に、各JV構成員が工事全体について義務を負う、連帯債務ないしjoint and several liabilityの場合、他の構成員の不履行について全面的に責任を負うことになるため、そのような事態が生じないようにすることと、仮に生じたとしてもその損失を回収できることは重要である。金額的に、莫大なインパクトを持ち得る事項である。

　第9章2において、不履行リスク対応の視点として、四つの視点について述べた。これらはいずれも、JV構成員間の履行確保にも該当する。特に、信用性の高い相手方とJV契約を締結することの重要性は、JV構成員間において、長期間に渡り、様々な作業を共同して行う必要があることに鑑みると、強く認識されるべきである。

　ただし、担保として、ボンドを取得することは、JV構成員間では一般的とは思われない。他方、JV構成員間の場合の担保としては、各構成員のシェアが対象になる。ある構成員の不履行があった場合に、当該構成員のシェアを、代わって履行した構成員が取得できるとの定めは、一般的なものである。

(5) 法的紛争リスクの高さと対応の視点

　JV 構成員間の法的紛争は、決して珍しいものではない。そのリスクも、決して低いものではない。むしろ、大規模な建設・インフラ契約と、JV とが相俟って生じる複雑さに鑑みると、法的紛争のリスクは高い類型である。

　しかも、JV 構成員間で法的紛争が生じる場合の多くは、Employer との間でも法的紛争となっており、その解決が困難であることが多い。例えば、他の構成員に問題点があると認識していても、Employer に対峙する上では共同戦線とならざるを得ず、他の構成員との紛争解決は先送りとなることが考えられる。Employer との間も含めて一挙に和解で解決できればよいが、多数当事者のうち 1 社でも和解を望まなければそのような和解は不可能であり、解決に時間を要することも多い。さらには、Employer との間で JV 関連の紛争が生じ、一部の構成員がこれを紛争解決手続に付託したいと考えても、他の構成員がこれを望まない場合、JV 全体としての同意や、他の構成員の明示的な同意なしに行うことが認められるか否かが問題となり得る。これらのことから明らかなとおり、JV は、難易度の高い紛争案件となりやすい。

　なお、JV が Employer との紛争に対峙する場面において、JV の弁護士を共同で選任するか、あるいは構成員ごとに個別に選任するかが検討事項になり、また、共同で選任する場合には、その費用をどのように分担するかが検討事項となる。通常は、構成員間の利害対立の可能性がある以上、構成員ごとに個別に選任した方が安全ではあるが、共同で選任する場合と比べると、トータルの弁護士費用が増加すること、Employer 相手に統一的な主張、立証を効率的に行うことが困難になり得ること、といったデメリットが考え得る。一概には決め難く、事案ごとに対応を検討する必要がある。

　JV において法的紛争が発生する典型的な要因としては、一つには、JV の構成員間において、Employer との関係性をどの程度重視するかが大きく異なり得る点がある。例えば、ある構成員がクレーム・マネジメントをしっかりやろうとする一方で、リーダーである構成員がそれを好まず、発

注者との友好関係のみに傾注し、結果的に希望する追加支払いが受けられず、JV内で紛争になり、仲裁にまで発展する例もある。

似たような問題は、商社が元受となり、建設会社（ゼネコン）が下請となる場合にも生じ得る。すなわち、商社が発注者であるEmployerとの関係性を重視するあまり、建設会社が希望するクレームを行わない、という事態も生じ得る。

対応の視点であるが、いずれの場合においても、自らができるクレーム、証拠収集・整理等を行い、他を頼らないことが基本と、筆者らは考えている。また、Employerとの関係性を過度に重視する者とJVを組むことは、できれば避けたいところでもある。

JVにおいて法的紛争が発生するもう一つの要因としては、JV間において役割分担とリスク分担が整合しない場合が考え得る。例えば、橋梁の下部工を土木ゼネコンが担当し、上部鋼構造を橋梁メーカーが担当するJVの場合（工事を縦割りで分担する場合）でありながら、JVの財布が一つで各構成員が工事全体について平等にリスクを負担する場合である。この場合、見積違い、工事費の超過、クレームの不成功による採算の悪化等が生じた際、それが橋梁の下部工または上部鋼構造のいずれの工事で生じたかは明確であるため、その損失をJV両社間で平等に分担するとなると、当該工事を担当していない構成員としては納得がいかず、法的紛争となり得る。

対応の視点としては、JV契約において、できる限り役割分担とリスク分担を整合させるべき、ということになる。

5　日本と海外との違い

筆者らの認識では、日本国内の工事では、詳細なJV契約が作成されず、信頼関係で運用されることが多い。その一つとして、JV内の意思決定方法も、契約で詳細に定められずに、リーダーに委ねられることが多いとの認識である。

もっとも、その場合でも、損失が生じた場合には、リーダーのみが負担

するのではなく、シェアに応じて、構成員が皆で負担することになるのが契約内容である。すなわち、意思決定に関与していない構成員が、損失を負担するという、納得感が得難い帰結となる。信頼の価値を否定するものではないが、JV内の意思決定をリーダーに委ねることには、このようなリスクが存在する。日本国内であっても、リスクの大きさを正しく認識し、合理的範囲内の信頼とすることが、大切と考えられる。

第11章 紛争の予防および解決

1 総論

(1) はじめに

本章では、検討の前提となる場面がこれまでと変わる。

法的な思考の枠組みは、それ程多くはない重要な視点から成り立っているところ、**序章**において述べたとおり、その一つが、「実体」規定と「手続」規定とを区分するという視点である。前章までは、「実体」規定を中心に述べてきたが、ここからは「手続」規定を中心に述べることになる。

ただし、両者は関連する面が多々あり、完全に区分できるものでもない。前章までで言及してきた「手続」規定も多々ある。例えば、Variation（工事等の内容変更）や、EOT（工期の延長）について、「手続」規定に言及してきた。

もっとも、両者の機能は異なっており、「実体」規定は、当事者の権利義務関係を定めるもの、一方「手続」規定は、当事者の権利義務関係を実現するための手続について定めるもの、と説明できる。したがって、両者を区別する視点は有益であると考えている。

本章においては、紛争の予防と解決のための手続について解説するが、最初に総論として、法的紛争に対処する上での、基本と考えられる視点について解説する。その後、Claim、Engineer's determination、DAAB（Dispute Avoidance/Adjudication Board）、Arbitration の順に、具体的な手続について解説する。

(2) 形式をみる

　法的紛争に対峙する上では、形式という、その共通言語を踏まえる必要がある。これを踏まえなければ、説得という、法的紛争の予防および解決において必須の作業を、効果的に行うことは不可能である。

　筆者らが特に重要と考える形式は、次の3点である。

　　a　何を、誰に対して請求するのか、その根拠は何か

　序章3において、一つの重要な視点として、権利義務関係の整理に言及した。

　これが、権利義務関係の実現という「手続」規定の場面になると、①いかなる内容の請求を、②誰に対して行うかを明確にし、かつ、③その請求の根拠も明確にするべき、という形になる。

　当たり前のことのようにみえるが、実際のところ、これらの点が曖昧のまま、法的紛争への対峙が行われていることは意外に多い。しかし、これらの点が曖昧のままでは、請求が認められることは困難であり、換言すれば、解決というゴールに近づき難い状況である。

　したがって、前記①〜③の明確化を常に意識することは、重要であり、有益である。日本の裁判官も、「訴訟物は何か」という表現で、①〜③の明確化を常に意識している。

　なお、請求の根拠について補足すると、契約に基づく請求と、契約に基づかない不法行為、不当利得等の請求を区別する視点は有益である。法的紛争に対峙する上で、契約が重要な意味を持つためである。

　　b　要件は何か

　序章4(1)において、一つの重要な視点として、「要件」と「効果」について述べた。

　この視点は、「手続」規定の場面においても重要である。請求が認められることは、いわば「効果」の実現である。そこで、請求が認められるための「要件」が何か、それが充足されているか否かが、「手続」規定の場面において吟味される。

　その「要件」が充足されない限り、請求が認められることはない。「要件」が何かを曖昧にしたままでは解決は期待し難く、明確にすることが必

要である。

　また、法的紛争が生じた際には、複数ある「要件」のうち、争いがどの「要件」について生じているかを明確に意識することが、効果的な対処に資することとなる。

　留意事項として、「要件」には、請求のためのものと、防御のためのものがある。例えば、消滅時効や、相殺といった法的主張があるが、これらは多くの場合、受けた請求を妨げるための、防御として主張される（日本の民事訴訟では、このような防御は、「抗弁」と呼ばれる）。この防御が成り立つか否かも、その「要件」が充足されるか否かによって、判断される。

　c　各要件について事実と証拠はあるか

　以上のとおり、「要件」が充足されるか否かが、「手続」規定の場面においても吟味されるところ、この充足とは、基本的には、「要件」に該当する事実が認定できるということであり、事実を認定するためには証拠が必要となる。これが法的紛争に対処する上で、事実および証拠が重要となる主たる理由である。

　この点、一つの留意事項として、事実の認定に、常に証拠が必要とは限らない。当事者間に争いがない事実は、一般に、証明の必要がない。したがって、相手方が争わずに、事実を認めてくれるということは、最強の証拠を得るに等しいことである。

　そのため相手方の証人に対する反対尋問の場面では、当該証人の信用性を弾劾することを狙うというアプローチのほかに、争いがない事実を増やすべく、当方に有利な事実をできる限り多く認めてもらうというアプローチがある。後者のアプローチが効果的なことは、思いのほか多い。

(3)　実質をみる

　法的紛争に対峙する上で、形式が重要であることについては、前述のとおりである。ただし、形式のみで、説得という、法的紛争の解決に向けた作業が成り立つ訳ではない。説得のためには、形式と実質の双方を兼ね備える必要がある。法的議論という視点でいえば、形式論と実質論の双方が必要ということである。

実質論というのは、バランス感覚や、情緒に訴えるものである。これだけが目立つ議論は、法律論として不十分であるものの、実質論を全く伴わない議論は説得力を欠くと考えられ、適度な範囲の実質論は、説得力の必須要素であると考えている。

実質論は、客観的事実に基づく必要があり、例えば、誠実な対応経緯はその要素となり得る。また、事実は点で存在するのではなく、個々の事実が因果の流れでつながるという意味において、線で存在する。実質論に限った話ではないが、事実を線で把握し主張すること、換言すれば、ストーリーとして事実を主張することは、説得のために重要である。

(4) 体制を整える

法的紛争への対峙は、通常、複数名で行う。それが必要であり、合理的だからである。

形式論と実質論を兼ね備えた議論を組み立てる上でも、次の要素が必要である。

- 事実を把握している人
- 適用される法律を把握している人
- 関連する専門的知見、経験則を把握している人

この要素を全て、一人で兼ね備えることは困難である。特に、大規模な建設・インフラ工事の契約であれば、その複雑さゆえ、一つの項目についても、一人で兼ね備えることが困難となり得る。例えば、適用される法律が、複数の国の法律となる場合には、各国の弁護士が必要となり得る。複数の専門分野が問題となり、一つの案件で複数の専門家が必要になることも、珍しくはない。典型例として、予期せぬ地質に遭遇したとされるトンネル掘削の遅延に基づくクレームにおいて、遅延分析（工程解析）の専門家、損害・費用等の金額計算（「Quantum」と称される）の専門家、および地質の専門家という3種類の専門家が必要とされることが挙げられる。

また、法的紛争の解決のためには、議論を組み立てる以外の作業も必要であり、次のような要素も必要となる。

- 解決のために用いられる各種法的手続に精通している人

- 大局的、戦略的な判断ができる人
- 必要な社内調整ができる人

　法的紛争の案件は、一件一件に固有の特徴があるという意味において基本的に個性的であり、少なくとも大規模な法的紛争が定型的ということはない。そのため、事案によって、他の要素が必要になることも考えられる。

　以上のとおり、法的紛争に対峙するためには、必要な要素が多々あり、それを全て満たすチームを組成する必要がある。

　ただし、チームが拡大しすぎると、コストが増加するという問題に加え、チーム内のコミュニケーションが困難になるという深刻な問題が生じ得る（法的紛争の解決は、説得というコミュニケーションを通じて実現する以上、チーム内のコミュニケーションが上手く行かない状況では、裁判官、仲裁人、相手方当事者等の説得は期待し難く、法的紛争の解決も期待し難いといわざるを得ない）。

　また、法的紛争への対峙は長期間に及び得るところ、必要な要素は、時期によって変わり得る。

　そこで、タイミングをみつつ、適正な規模のチームを組成することが必要となる。

　このように、体制の整備は容易ではない作業であるが、他方において、長期間に渡る法的紛争への対峙において、決定的に重要な点でもある。労力を惜しまずに、取り組むべきテーマである。

(5) 全体をみる

a　説得力のため

　一貫性は、説得力の重要な要素である。換言すれば、二転三転する議論は、信用性が低く、説得力を欠く。

　一貫性を確保するためには、関連する請求全体をみる必要があり、また、関連する事実全体をみる必要がある。さもなければ、場当たり的な主張を繰り返すことになりかねず、相互矛盾が生じる可能性が高い。

　全体で通用する議論が構築できて初めて、一貫性のある議論となる。

b 合理的な解決のため

　大規模な建設・インフラ工事の契約で生じる法的紛争は、多数の当事者間において、多数の請求が提起される、極めて複雑なものとなり得る。一つ一つ請求に対処するという視点も重要であるが、同時に、全体をみる視点も重要である。

　というのも、一つの請求への対処が、他の請求に影響を与え得るからであり、その影響は時として、解決を遠ざけるものである。例えば、一つの下請に対して和解金を支払って解決すると、類似する立場にいる他の下請からの請求を誘発することが考えられる。そのため、一つの対処が他にどのような影響を及ぼすかという全体的な視点が、紛争の解決のために必要とされる。

　かかる観点からは、和解をするのであれば、一度に全てを和解で解決することが望ましいことになる。これが困難な事案も当然あるが、一挙解決が望ましいことは、普遍的なことと考えられる。

　法的紛争の解決のためには、着地点（落としどころ）を見定めることが、重要なターゲットである。これが合理的に見定められれば、そこに向けた道筋を複数考え、最善手を選択していくという、効果的なアプローチが可能となる。

　なお、ターゲットとなる着地点は、通常、固定的なものではない。将来の予測ないし目標であるため、一定の不確実性を伴うものであり、複数の着地点が想定されることも普通である。そのような形でも、着地点がある程度みえるのであれば、それがみえていない場合と比べると、対応が格段に効果的になると考えられる。

　そこで、紛争全体を解決できる着地点を見定めるという姿勢には、高い価値があると考えられる。

　この点に関して一つ補足すると、民事的な法的紛争の着地点の種類には、和解と、強制的判断（判決、仲裁判断等）の2種類しかない。この普遍的な点を踏まえることは、着地点を見定める努力の過程において、有益と考えている。

⑹ 選択肢を広く把握する

　法的紛争を解決するための選択肢は、複数あり得る。それを広く把握することは、最善の選択肢をみつけるための前提となる。広く把握するための視点としては、次のものが考えられる。なお、これ以外の視点も考え得るが、代表的なものとして紹介する。

a　他の国での手続の可能性

　国際的な紛争案件では、複数の国で管轄が認められ、手続を行い得る状態となることは珍しくない。例えば、メインの仲裁手続は日本で行われるが、将来の強制執行・回収に備えた仮差押（preliminary attachment）が海外の裁判所で行えることは通常である。

　仲裁条項や、専属的裁判管轄条項のように、他の紛争解決手続を排除する条項が契約書で定められている場合でも、これらの適用範囲は無限ではないため、その適用範囲外において、他の国での手続をとることは考えられる。前記の仮差押のような保全手続は、一般に、仲裁条項や専属的裁判管轄条項によって妨げられないとされており、日本の仲裁法15条は、仲裁条項との関係でこの点を明示している。なお、日本の仲裁法は、UNCITRAL（国連の組織）のモデル法に基づき制定されており、国際的にみても一般的な内容である。

b　和解のための手続

　紛争解決手続というと、判決、仲裁判断等の強制的判断に向けた手続（訴訟、仲裁等）が想起しやすいものの、前述のとおり、2種類の着地点のもう一つの種類として、和解がある。和解に向けた調停（mediation）等の手続があり、この観点で選択肢を検討することが考えられる。

c　保全手続

　訴訟、仲裁等の最終的な決着を目的とする手続に加え、暫定的な決着を目的とする手続がある。これは緊急性に対応するものであるが、裁判所では、仮差押（preliminary attachment）、仮処分（preliminary injunction）といった手続が用意されている。仲裁機関では、緊急仲裁（emergency arbitrator）、暫定措置（interim measure）といった手続が用意されている。

　これらの手続は、緊急性に対応するのみならず、結果として、和解によ

る解決を促進することも少なくない。

d 証拠収集手続

文書提出命令等の証拠収集手続は、裁判手続および仲裁手続が進行する中で用いることができるが、決定的な証拠の発見、相手方に対するプレッシャー等の、強いインパクトをもたらし得る。

さらに、裁判所では、証拠収集手続のみが独立して行われることがある。日本でも存在する証拠保全手続は、証拠の保全および収集に特化した手続である。

特に米国では、セクション 1782 ディスカバリーという手続（米国法典タイトル 28 の 1782 条(a)に基づくため、このように呼ばれる）が用意されており、他国での裁判手続および仲裁手続のためのディスカバリー（広範な証拠収集）が認められ得る。

これらの証拠収集手続も、留意に値する。

なお、このセクション 1782 ディスカバリーを国際仲裁手続のために利用することの可否ないし範囲については、2022 年 6 月に米国連邦最高裁が判断を示しており、政府権力を持つ審判主体が関与する手続においてのみ、セクション 1782 ディスカバリーが利用できるとされた。すなわち、米国外の一般商事仲裁においては、基本的に、セクション 1782 ディスカバリーは利用できないことが明らかとなった。

e 相殺、解除等の通知

これらは法的手続ではなく、単に通知を発するだけではあるが、状況を大きく変え得るものである。

相殺についていえば、支払いを行わないことになるため、相手方が法的手続を提起する必要に迫られる。すなわち、相殺通知を発した側は現状が継続しても特に問題はないが、相手方は支払いを受けられていないため、相殺の有効性を争い、支払いを得るためには、法的手続を提起する必要がある。このように、いずれの当事者が法的手続を提起する必要があるかが、相殺通知によって入れ替わり得るといえる。

解除通知は、契約が存在する状況を、契約が存在しない状況に変えるという通知であり、そのインパクトは絶大である。なお、これについても、

状況を元に戻すためには、解除の効力を争う側が法的手続を提起する必要があることとなる。

このような通知も、重要な選択肢となり得る。

(7) その他留意点

法的紛争に対峙する上での留意点として、直ぐに想起されるものとしては、以下が挙げられる。

a　トータルの損害を減らす

第9章2(4)において、損害の回避が不履行リスクの回避、換言すれば履行の確保につながると述べた。この観点は、法的紛争が発生した後、その効率的解決をはかるという場面にも当てはまる。すなわち、損害が生じ、これをめぐる法的紛争が発生したとしても、トータルの損害が少なければ少ないほど、効率的解決がはかりやすい。ここでいうトータルの損害というのは、自らに生じる損害と相手方に生じる損害の、総和である。

法的紛争の解決には、一般的には次の4段階があり、下の段階に進めば進むほど、紛争解決のコスト（労力、時間、費用等）は増加する傾向にある。

①　当事者間での和解交渉
②　代理人弁護士間の和解交渉
③　調停人等の第三者を介しての和解交渉手続
④　訴訟、仲裁等の第三者の強制力ある判断を求める手続

トータルの損害が少なければ少ないほど、和解実現のために各当事者に求められる譲歩の絶対量が少なくて済み、上の段階で和解がまとまる可能性が高くなる。他方、トータルの損害が大きくなるほど、その絶対量の多さゆえに和解実現のための譲歩が困難となり、④の手続において、第三者の判断を求めざるを得なくなる可能性が高くなる。

トータルの損害を減らすためには、自らの損害に着目するだけではなく、相手の損害に着目する必要がある。また、トータルの損害を減らすタイミングは、保険金等による事後的な損害回復を除けば、基本的に損害が拡大している最中という、初期の段階である。この点は、法的紛争の解決において初期対応が重要となる理由の一つである。

b　執行可能性

請求する場面では、執行できなければ、判決または仲裁判断において勝訴したとしても、回収に結びつかない。いわば、勝訴の判断が絵に描いた餅となる。

そこで執行可能性が、重要な視点となる。また、その確保のために、**第9章**で述べた与信判断、担保取得等が、契約締結時等の当初の段階から、留意事項となる。

c　保険会社への通知

保険契約上の義務として、法的紛争発生時、あるいはその原因となる事象の発生時において、保険会社への通知が求められることは一般的である。この義務の不履行は、保険金請求の支障となり得るため、確実に果たすべきである。

d　証拠の保全

証拠は説得的な議論のために必要であるから、その散逸を防ぐことが求められる。

これに加え、米国民事訴訟では、そのディスカバリールール上、証拠を保全し、その散逸を回避することが訴訟当事者の義務とされている。その他の海外の民事訴訟や、国際仲裁においても、証拠の保全は必要であることが多く、少なくとも証拠の隠滅は許されない。

この点は、日本の感覚と異なり得る点であるため、留意が必要である。日本の感覚では、社内文書や、不利な文書を証拠提出せず、その存在も明らかにしないことについて、当然視する傾向があると考えられる。しかし海外では、これらの開示ないし証拠提出は当然であり、これに応じないことが問題視されることが多い。

国や地域ごとにルールが異なる点なので、一概にはいえないものの、リスクがあり得るということは出発点として認識するべきである。ルール違反に対する制裁としては、米国民事訴訟では、多額の金銭的制裁、事実を不利に推認または認定されるという制裁、さらには法廷侮辱罪の制裁があり得る。国際仲裁でも、事実を不利に推認されるという制裁（国際仲裁では「adverse inference」と呼ばれる）や、仲裁人が当事者間のコスト分担

の割合を判断する場面において、不利に考慮されることが考えられる。

米国民事訴訟では、証拠を保全するための所定の社内手続(社内通知の送付等)が必要であり、これを怠ると前記制裁の対象となり得る。

  e 不利な証拠を作らない

当方関係者が作成した文書、電子メール等は、相手方にとって決定的に有利な証拠となる可能性があり、換言すれば当方にとって決定的に不利な証拠となり得る。例えば、不利な事実を認める内容、悪印象を与える内容である場合である。

相手方は、そのような証拠を、直接受領する場合のほか、ディスカバリー等の証拠収集手続を通じて入手する可能性がある。そのため、不利な証拠となるような文書、電子メール等を作成しないように留意するべきこととなる。

  f 有利な証拠を残しておく

客観的には有利な事実が存在したとしても、相手方がその存在を否定した場合、証拠により証明できなければ、訴訟や仲裁においては存在しないものとして扱われてしまう。

したがって、有利な事実については、証拠を残しておくべきということになる。

また、その証拠に有利な事実と不利な事実とが混在すると、使いにくい証拠となるため、不利な事実の混在は避けるべきである。

証拠が残る典型的な場面は、相手方とのメール、文書等のやり取りと、社内的な議事録、報告文書等の作成である。その際には、前記の点に留意するべきである。

  g 秘匿特権に留意する

英米法では、弁護士と依頼者間の法的業務に関するやり取りは、秘匿特権として相手方に開示等をする必要がない(日本法のように、秘匿特権そのものを認めているわけではない法制度が適用される国際仲裁においても、弁護士の守秘義務等の概念を通じて、秘匿特権類似の利益は一般的に尊重される傾向にある)。この秘匿特権を十分に享受できるようにすることも、留意事項である。

これが当てはまる一つの典型的な場面が、外部の専門家に相談する場面

である。当事者が外部の専門家に直接相談すると、この秘匿特権の対象となることはないが、弁護士を通じて相談すると、弁護士およびその補助者間のやり取りとして、この秘匿特権の対象となり得る。外部の専門家の見解は不利である可能性もあり、これが相手方への開示対象になると、訴訟または仲裁の帰趨にとって、大きな悪影響となる可能性がある。そのため、弁護士を通じた相談とし、秘匿特権の対象とすることが重要である。

h　期間制限に反しない

法的紛争に関しては、消滅時効、出訴期間（statute of limitation）、上訴期間等の様々な期間制限が存在する。その違反は、請求権の喪失ないし実現不可能という著しい不利益に帰結し得るため、十分な留意が必要である。特に、FIDIC書式には、請求の根拠となる事象を認識した、または認識すべきであったときから28日以内に請求通知を発出しなければならない等のtime-bar条項が含まれている。かかるtime-bar条項が定める期限に1日でも遅れたら、請求権の喪失という重大な不利益を被る可能性があることを、認識しておかなければならない。なお、time-bar条項については、本章3(8)およびこれに続くコラムも参照されたい。

i　整理と取捨選択のためのフレームワークを持つ

法的紛争で扱う情報は、膨大となる。ただし、結論に影響を及ぼす程度という観点で重要度をみると、その偏差は著しく、したがって、重要な情報を効果的に把握することが必要である。

そのためには、争点が何か、結論の分かれ目となる点が何かを意識することは極めて有益である。

また、整理の視点を持つことも有益である。例えば、争点は、責任論に関する争点と、損害論に関する争点とに区分できる。責任論とは、請求が認められるか、換言すれば、それを基礎付ける権利義務が認められるかを検討するものである。損害論は、請求が認められることを前提として、その金額がいくらであるかを検討するものである。このような区分は、法的紛争という複雑な情報処理が必要とされる場面で、極めて有益と考えている。

j　社内報告で完全を求めない

認識の共通化をはかるためのコミュニケーションには、コストがかか

る。訴訟および仲裁における主張立証は、基本的に、代理人弁護士から裁判官および仲裁人に向けられたかかるコミュニケーションであり、そのコストの大きさは広く認識されている。

一方、社内報告も、認識の共通化をはかるためのコミュニケーションであり、相応にコストがかかるが、そのコストの大きさには、意識が向けられないことが多いようにも思われる。しかしながら社内報告が肥大化し、そのコストが裁判官および仲裁人に向けられたコミュニケーションのコストに匹敵する事態も、あり得なくはない。

もちろん社内報告は重要であり、コストをかけるべきものではあるが、効率的な法的紛争解決という観点からは、合理的なコストであるべきである。そこで重要な視点が役割分担であり、換言すれば、任せる、信頼するという視点である。

法的紛争に直面し、不安を感じ、その解消のために多くの社内報告を求める気持ちは、当然のものであり、理解できる。しかしながら、法的紛争の解決は、人と人との間で行う和解交渉や、人による強制力を持った判断であり、不確実性が避けられない。したがって、いかに多くの情報を得ようとも、不確実性が消えることはなく、これに由来する不安が消えることもない。

また、法的紛争の解決においては役割分担がある。多くの場合、経営者が行うべきことは限られており、法務担当者と、外部弁護士に任せることが基本になる。そうすると、経営者とすれば、任せること、信頼することの合理性が確認できるだけの情報と、自ら判断する限られた事項に関する情報とが得られれば十分といえ、詳細を把握することは必須ではない。

以上を踏まえて、合理的なレベルで、効果的に社内報告を行うという視点も、コスト管理の目的にとって重要である。

(8) 小　括

以上、法的紛争に対峙する手続の中で、留意するべきことを述べてきた。

これらに留意し、実行することは容易ではないが、効果的な紛争の予防ないし解決のためには、重要なことである。長期間におよび得る手続であ

ることも踏まえ、粘り強く留意して頂ければと考えている。

2　FIDIC における「紛争」の定義

　FIDIC 2017 年版書式において、「紛争」は、以下の①～③の事実が全て存在する状況として定義されている（1.1.29 項、Silver Book では 1.1.26 項）。この定義に当てはまる紛争のみ、DAAB や仲裁に付託することが可能となる。

① 　当事者の一方が相手方当事者に対して請求を行うこと。ここでいう「請求」は、FIDIC の定義語としての「請求（大文字の Claim)」をはじめ、Engineer（Silver Book では Employer's Representative。以下同じ。）による合意形成・決定の対象となる事項、その他一般的意味での請求を含む。

② 　相手方当事者（または、該当のケースが Engineer の決定手続である場合は Engineer）が、当該請求の全部または一部を拒否すること。なお、相手方当事者や Engineer が請求の全部または一部に対して反論や回答を行わなかった場合でも、状況に照らし、拒否が行われたとみなすのが合理的と DAAB または仲裁人が判断する場合には、そのようにみなすことができる。

③ 　請求当事者が、相手方当事者による拒否を受け入れないこと。これには、Notice of Dissatisfaction の発出その他の方法を含む。

　この定義は、英国法における「紛争」の考え方に類似したものといわれており、当事者間の見解の相違を幅広く「紛争」として補足できる内容となっている。

　2022 年再版では、この定義が大きく変更され、以下の(i)～(iii)の事実が全て存在する状況が「紛争」に該当すると定められた。

(i) 　当事者の一方が「請求（大文字の Claim）」を行うか、3.7 項における合意形成・決定の対象となる事項が生じること。

(ii) 　3.7.2 項における Engineer の決定が、当該 Claim の一部または全部の拒否（もしくは 3.7.3 項(i)におけるみなし拒否）、または、当該

事項に関する当事者の主張の一部または全部の拒否であること。
(ⅲ) 当事者のいずれかが3.7.5項におけるNotice of Dissatisfactionを発出すること。

この新しい定義のもとでは、当事者間にいかに大きな見解の相違があっても、それだけでは「紛争」に該当せず、DAAB（ひいては仲裁）に付託することができない。すなわち、2017年版書式における定義よりも相当に狭い定義である。このような変更が行われた趣旨は、当事者が紛争処理の場面においてEngineerを飛び越すことを防ぎ、契約管理の中核としてのEngineerの役割を強化することであったといわれている。もっとも、全ての争いごとについて、このような狭い定義を満たさなければDAABに付託できないとするのは必ずしも適当でないことから、バランスを取るため、21.4項において、「紛争」が生じたとみなされる場合（EngineerによるPayment Certificateの不発出、EmployerによるPayment Certificateの不払い、financing chargesの不払い、解除の可否に関する争い）を列挙する規定が新設された。これらの場合には、当事者はNotice of Dissatisfactionの発出なくして、紛争をDAABに付託することができる。

3 当事者による相手方当事者への請求（Claim）

(1) はじめに

建設契約の当事者であるEmployerとContractorの最優先事項は、第一義的にはプロジェクトを完工に至らしめることである。しかしながら、相対当事者という関係上、両者の利害は完全には一致せず、自らの権利を守るため相手方に何らかの請求を行わなければならない場面も多い。代表的には、ContractorがEmployerに対して工期延長を請求する場面や、EmployerがContractorに対してDelay Damagesの支払いを請求する場面が考えられる。

当事者の権利保護のためには、請求を行う機会を保障することが重要である一方、かかる請求が相手方当事者にとって不意打ちとなるのは不合理といえよう。ゆえに、契約において両当事者の利益のバランスを取る必要

が生じるところ、FIDICは請求を行うための詳細な要件を定めることでそのバランスを取ろうとしたものと解される。

当事者が請求を行うための要件は、個別の条項に定められていることもある（例えば工期延長については8.5項、Delay Damagesについては8.8項等）。特に、工期延長における遅延の理由等の実体的要件は、当該請求に特有のものであるため、個別の条項で取り扱うのに適している。一方、請求に際して踏まなければならない手順、すなわち手続的要件の大部分は、様々な種類の請求に共通し得るため、包括的な条項で定めることが可能であり、また便宜にかなうと考えられる。2017年版のFIDIC Rainbow Suiteにおいては、20項がこの包括的な条項に当たる（もっとも、他の条項にも手続的要件が含まれていることはあり、当事者は該当する手続要件の全てを満たす必要があることは、20.2.7項からもみて取れる）。そこで、本項では、20項を読み解くことを試みる。

(2) 1999年版との主な相違

当事者による請求に関する2017年版書式の条文構造には、1999年版書式と比べ、大きく異なる点がある。

まず、1999年版書式では、Contractorによる請求とEmployerによる請求の手続的要件は別々の条項で取り扱われていた。すなわち、Contractorによる請求は、当事者間の紛争と合わせて20項で取り扱われ、Employerによる請求は2.5項で別途の定めが置かれていた。これに対し、2017年版書式では、Contractorによる請求も、Employerによる請求も、その手続的要件については20項でまとめて取り扱われている。この変更には、後述する多数の通知要件や厳格な期間制限等につき、Contractorによる請求のみに適用するのではなく、Employerによる請求にも等しく適用することで、当事者間の公平を推し進める目的があったと推察される。

また、2017年版書式では、紛争に関する定めは切り離され、21項に移行した。これは、「相手方に対して請求を行うこと」は直ちに「紛争」に結びつくわけではない（相手方が請求を認めることや、請求が取り下げられ

ることもあり得る）ことを明確にし、紛争の回避へと当事者を誘導する目的に基づく変更と解されている。ただし、20項における個々の条項の定めに鑑みると、2017年版書式が一貫して紛争回避に資するものとなっているかという点は、議論の余地があると思われる。この点については、個別の条項を紹介する際に改めて触れることとする。

加えて、2022年再版では、1.1.6項における「請求（Claim）」の定義から、3.7項(a)に掲げられる「合意形成または決定の対象事項（matter to be agreed or determined）」が除外されたことに伴い、後者には20項の複雑な手続規定の適用はないことが明らかにされた。手続の明確化および手続負担の軽減という観点から、一般に、望ましい改訂と受け取られている。合意形成と決定の手続については、後記(7)で詳述する。

(3) 請求の種類

20項で取り扱われている請求は、大きく分けて、金銭的なもの、時間的なもの、その他の3種類であり、それぞれにつきEmployerによる場合とContractorによる場合が考えられる。具体的には、下表のように整理できる（20.1項）。

当事者＼請求の種類	金銭的請求	時間的請求	その他
Employer	Delay Damages等の金銭の支払請求または工事代金の減額請求	Defects Notification Periodの延長請求	金銭や時間に関するものではないその他のあらゆる請求（指示、証書、決定、通知、Engineer（Silver BookではEmployer）の意見やvaluationに関するものを含む）
Contractor	追加コスト等の金銭の支払請求	工期の延長請求	

金銭的請求および時間的請求には、20.2項の定める手続的ルールが適用されるが、その他の請求には別の手続が用意されている。各手続の詳細は、次項以下で説明する。

(4) 金銭的請求・時間的請求を行うための手続

a 概要

20.2項の請求手続は、複数の段階に分かれ、それぞれに期間制限や派生手続が設定されている等、非常に複雑な仕組みとなっている。大きな流れとしては、①請求通知の送付、②これに対する回答の送付、③詳細な請求書面の提出、④ Engineer（Silver Book では Employer's Representative）による合意形成または決定と進むことが想定されており、かつ、これらの手順を全て終えるには 5 ヶ月以上かかる可能性も想定されている。個々の手順に関する FIDIC の定めは、要約すれば次のとおりである。

b 請求通知（20.2.1項）

自らに請求権があると主張する当事者（以下、「請求当事者」という）は、Engineer（Silver Book では相手方当事者）に対し、請求の根拠となる事象を認識した（または認識すべきであった）後、可能な限り速やかに、かつ遅くとも 28 日以内に、当該事象を記載した通知を送付しなければならない。

この請求通知が 28 日の期限内に送付されなかった場合には、当該請求はできなくなり、相手方当事者は請求の根拠として主張された事象に関し、なんらの責任も負わないこととなる。これは、請求に関する期間制限の定めであり、いわゆる「time-bar 条項」と呼ばれるものの一つである。後述のとおり、20.2項には、他にも複数の time-bar 条項が存在する。

c 請求通知への回答（20.2.2項）

請求通知を受けた Engineer（Silver Book では相手方当事者）は、当該通知が 28 日の期限内に送付されていない（すなわち請求は time-bar にかかる）と考えた場合には、通知の受領後 14 日以内に、理由を付して、その旨を請求当事者に通知する必要がある。

14 日の期限内に time-bar の通知がなかった場合には、請求通知は有効とみなされる。したがって、仮に客観的にみれば 28 日の期限が過ぎてい

た場合でも、Engineer または当事者が何らかの理由で 14 日以内に time-bar の通知を出さなければ、請求が復活すると解釈する余地がある。

　Red Book と Yellow Book においては、Engineer が 14 日以内に time-bar の通知を出さなかった場合に、異議を唱える機会が相手方当事者に与えられている。すなわち、有効とみなされた請求通知に異議のある相手方当事者は、Engineer に対し、通知をもって、異議の内容を説明することとされている。この異議は、のちに Engineer が請求についての合意形成または決定を行う段階で、合わせて検討される。Silver Book では、time-bar の通知を出す主体は相手方当事者であり、出さなかった場合の帰結（＝請求通知のみなし有効）も相手方当事者が甘受してしかるべきであるため、このような異議を唱える機会は与えられていない。

　一方、14 日の期限内に time-bar の通知が出された場合で、請求当事者がこれに異議があるとき、または期限に遅れたことを正当化する事由があると考えたときは、のちに提出する詳細な請求書面において、自らのポジションを詳しく説明する必要がある。

　　d　詳細な請求書面（20.2.4 項）

　請求当事者は、請求の根拠となる事象を認識した（または認識すべきであった）後 84 日以内に、Engineer（Silver Book では Employer's Representative）に対して、下記の事項を含む詳細な請求書面（fully detailed Claim）を提出することとされている。この 84 日の期限は、前記 b の請求通知を送付するための 28 日の期限と同時進行するものであり、請求通知やそれに対する回答から起算されるのではないことに注意が必要である。

- 　請求の根拠となる事象の詳しい説明
- 　請求の契約上の根拠その他の法的根拠
- 　請求の根拠となる事象の起きた当時か、その直後に作成された記録（20.2.3 項で「contemporary records」と定義されている）のうち、請求を裏付けるために依拠するもの全て
- 　請求する金額または延長を求める期間の詳細な数字的根拠

　請求当事者が、前記のうち、契約上の根拠その他の法的根拠を 84 日の

期限内に提出しなかったときは、請求通知はその効力を失い、当該請求が認められることはなくなる。その場合、Engineer（Silver Book では Employer's Representative）は、84 日の期限経過後 14 日以内に、期限が過ぎた（すなわち請求は time-bar にかかる）旨を請求当事者に通知することとされている。なお、請求当事者が、法的根拠以外の事項を期限内に提出しなかったとしても、time-bar の効果は生じない。これは、Engineer や Employer's Representative にとって、法的根拠は請求を検討する上で欠かせない情報であるためと思われる。

　14 日の期限内に time-bar の通知がなかった場合には、請求通知は有効とみなされる。つまり、この段階においても、前記(3)で述べたのと同様に、請求の復活が起こり得るということである（客観的には 84 日の期限内に請求当事者が法的根拠を提出しなかったと評価できる場合でも、Engineer または Employer's Representative が何らかの理由で time-bar の通知を出さなかったときは、失効したはずの請求通知が復活すると解釈する余地あり）。そして、この場合も前記 c と同様に、相手方当事者は有効とみなされた請求通知に対し異議を唱えることができ、通知をもって異議の内容を説明すれば、のちに Engineer（Silver Book では Employer's Representative）が請求についての合意形成または決定を行う段階で、合わせて検討されることとなる。

　なお、請求の根拠となる事象が継続的な影響をもたらすものである場合は、20.2.4 項に基づいて提出する詳細な請求書面は中間請求と扱われ、請求当事者はその後、1ヶ月ごとにさらなる中間請求を提出しなくてはならない。当該事象の影響がなくなったときは、その後 28 日以内に最終の詳細な請求書面を提出することとされている（20.2.6 項）。

　請求の裏付け資料の取扱いについて付言すると、1999 年版書式においては、Engineer（Silver Book では Employer's Representative）は、Contractor の請求を受領した後 42 日以内に、請求を受諾するか、あるいは理由を述べて拒否するかのいずれかにより回答することとされており、また、請求を裏付けるための追加資料の提供を求めることもできる（ただし、それとは別に 42 日以内の回答は行う必要がある）とされていた。そのため、実務的には、Engineer または Employer が、「裏付けが足りない」として請求

を拒否し、何度も追加資料の提供を求めるという問題が頻発した。その際、どのような追加資料が必要であるか具体的に指定されることは稀であるため、Contractorとしては手探りで資料を提供し続けなければならず、これを過大な負担と考えるContractorも少なくなかった。2017年版書式では、詳細な請求書面の受領後にEngineerまたはEmployer's Representativeが追加資料を必要とする場合には、20.2.5項において、請求当事者に対し、必要な追加資料の内容と、それが必要である理由を述べた通知を出すこととされており、前記のような問題に対処しようと努めたことがみて取れる。

e Engineer/Employer's Representativeによる合意形成または決定（20.2.5項）

前記dの詳細な請求書面を受領した後、Engineer（Silver BookではEmployer's Representative）は、3.7項（Silver Bookでは3.5項）の定めに従い、請求を認めるか否か、また認めるとしてどの程度認めるかについて、当事者間の合意形成または決定を行うこととされている（具体的な手続内容は後述する）。請求通知や法的根拠の提出に関してtime-barの通知が出された場合であっても、この手順は踏む必要がある。さらに、time-barの通知が出された場合に特有の定めとして、合意形成または決定において、請求通知が有効と扱われるべきか否かという点を含めなければならず、その際には詳細な請求書面に記載された請求当事者の異議の内容や、提出期限に遅れたことを正当化する事由の説明を考慮するものとされている。これはつまり、time-barの通知が出された場合でも、合意形成または決定の段階で、EngineerやEmployer's Representativeが、諸事情を考慮の上time-barについて不問に付すという判断を行えることを意味する（ただし、当事者がこの判断に不服のある場合、のちに取り扱う紛争解決手続に付することができる）。

前記の考慮事項には、期限を過ぎてからの提出によって相手方当事者がどのような不利益を被ったか、請求の根拠となる事象や法的根拠について相手方当事者が事前に知っていたかといった点が含まれ得る（ただし、20.2.5項は、これらが例示であり、必ず考慮しなければならないわけではない

旨を明示している）。したがって、例えば Contractor が Engineer や Employer に対し、EOT の根拠となりそうな事象について、事前に書面や会議の席で伝えていた場合には、当該書面や議事録の内容が考慮される可能性が高いといえよう。

(5) その他の請求を行うための手続

金銭や時間に関するのものではないその他の請求についての手続は、20.1 項に定められている。

まず、請求当事者が請求を行う段階について、20.1 項では前記(4) **b** のような期間制限や time-bar 条項は設けられていない（他の条項における期間制限等の適用がないかは、別途確認すべきである）。ただし、請求の根拠となる事象から相当の長期間が経過してから請求したような場合、準拠法によっては、実質的に請求を放棄したものとみなされる可能性もあるため、注意が必要である。

相手方当事者または Engineer（Silver Book では相手方当事者のみ）が請求に異議のある場合には、請求当事者は通知をもって、Engineer（Silver Book では Employer's Representative）による合意形成または決定の手続に付託することができる。なお、相手方当事者または Engineer が合理的期間内に請求に回答しなかった場合、異議があるものとみなされ、請求当事者は合意形成または決定の手続に付託する通知を出せることとなる。この通知は、請求当事者が相手方当事者または Engineer の異議（みなし異議を含む）を認識した後できる限り速やかに出す必要がある。また、通知には、請求当事者の主張およびそれに対する異議の内容を記載する必要がある。

なお、20.1 項は、相手方当事者または Engineer が請求に異議を唱えた場合でも、「紛争」が起きたとは扱われないと明示している。すなわち、請求当事者は直ちに DAAB による解決を求めることはできず、まずは Engineer（Silver Book では Employer's Representative）による合意形成・決定手続に付託しなければならないということである。1999 年版書式では、金銭的請求・時間的請求ではないその他の請求については、当事

者間に意見の相違があれば、最初から「紛争」としてDABに付託できる建付けになっていたため（1999年版20.4項）、2017年版では踏むべき手順が増えたことになる。また、波及的効果として、その他の請求に関する紛争が増加することも考えられる。というのも、Engineer（またはEmployer's Representative）の決定は、当事者が不服申立てを行ってDAABへの付託に進まない限り拘束力を持つため、当事者が「とりあえず不服を申し立てておく」という発想になりがちだからである。要するに、1999年版書式のもとであれば、紛争解決手続に移行する前に当事者間でじっくり交渉したかもしれない請求が、2017年版書式のもとでは早々と紛争解決手続に付されるという事態も考えられるということである。

(6) 通知を含む請求の手順とその管理
a 「通知」の要件

前記(4)および(5)から明らかなとおり、当事者間の請求手続には数多くの通知が含まれており、それぞれに期間制限等の要件が設けられている。これらの要件に加え、FIDICにおける「通知」と認められるためには、下記の要件も満たす必要がある（1.3項）。

- 書面での通知であること
- 「通知」であると明記すること
- 当事者からEngineer（Silver BookではEmployer's Representative。以下同じ）宛ての通知の場合は相手方当事者に副本を送付し、相手方当事者宛ての通知の場合はEngineerに副本を送付すること（Engineerから当事者宛ての通知の場合は、相手方当事者に副本を送付すること）
- 正しい形式および送信方法で送付すること（例えば、署名権限のある者が署名したハードコピーや、Contract Dataに記載のある電子通信システムを通じた電子媒体。通常は、プロジェクトの最初の段階で、書面をやり取りする方法を決めるため、そこで決めたとおりに送付することとなる。ハードコピーのレターや電子メール、オンラインストレージ等の方法が一般的である。ハードコピーを現場で手渡しし、その場で機械的に受領

印を押す等、受領の有無が争いになりにくい実務を採用している場合が多い)
・ Contract Data に記載された宛先に送付すること

　これらの要件は一見事務的なもののようであるが、満たさなければ「通知」があったとみなされないリスクがあり、ひいては time-bar により請求が阻まれる等のリスクも考えられる。したがって、当事者は、通知を発する際、これらの要件が満たされていることを十分に確認する必要がある。

　他方で、前記の要件の厳格な適用には抵抗を覚える Contractor も多い。これは、通知を要求する目的は、請求を受ける側にとって不意打ちとなるのを防ぐためであるから、状況に照らして不意打ちとはいえない場合には、前記の要件が全て満たされていなくても、通知があったものとみなすことが合理的という考え方に基づくものと解される。例えば、数日おきに行っている定例会議の場で、工事の変更に伴う遅延について話し合っていたような場合には、前記の要件を全て満たす通知がなくとも、当該変更に基づく EOT や追加コストの請求は不意打ちにはならないという発想である。実際に、通知要件が満たされていない場合でも、Contractor が「通知があったとみなされるべきである」と主張して争いとなることはよくある。紛争の減少をはかるため、今後の改正における検討が俟たれる点であるとともに、当事者としても契約交渉段階で要件の緩和を検討する価値のある点といえよう。

　b　請求における手順の管理

　建設契約の当事者が日々行う業務の中心は、当然のことながら、プロジェクトの完成に向けた業務である。その過程で問題が起きても、迅速に問題を取り除いてプロジェクトを進めることのみに注力し、相手方当事者に対して何か請求できる可能性を検討したり、通知を出したりすることを後回しにする当事者は、決して珍しくない。また、当事者間では、毎日のように膨大なコミュニケーションが行われており、相手方からの通知が埋もれてしまうことも少なくない。しかしながら、通知の発出期限や回答期限が過ぎてしまった場合の影響は重大なものとなり得る（例えば time-bar で請求が阻まれる、請求通知が有効とみなされる等）ことに鑑みれば、通知

の受発信等の請求手続における手順を適切に管理することは極めて重要といえる。

　管理方法としては、様々な選択肢があり得るが、例えば、通知が後回しにされたり埋もれてしまったりすることを防ぐために、通知管理の専任担当者を置くことが考えられる。専任担当者を相手方当事者の通知の名宛人に指定しておけば、相手方からの通知が埋もれてしまうリスクは低減できるはずである。また、専任担当者が可能な限りプロジェクトの進捗や当事者間のコミュニケーションをモニターすることで、請求通知を発するタイミングを逸するリスクも抑えることができるように思われる。このような専任担当者は、受発信する通知が契約上の要件を満たしているかを確認する役割も担うことが想定されるため、これらの要件をよく知っている人物が適任であるし、必要に応じて法務部や外部弁護士とも円滑に連携できる人物を選ぶのが望ましいと思われる。

　また、通知や詳細な請求書面の提出等、請求手続において踏む必要のある手順を記録し、追跡するための「Tracking Schedule (Table)」を作成することも有用と考えられる。すなわち、ある特定の事項について当事者が請求を行った場合、それに関する通知が出されたか、Engineer や相手方からの応答があったか、請求書面を提出したか、合意形成や決定が行われたか、紛争解決手続に進むための Notice of Dissatisfaction が出されたか等、各手順が踏まれたか否か、およびその日付を記録し、相手方当事者や Engineer を含めた関係者に共有するのである。これを基本のやり方としておくことで、通知その他の手順の踏み忘れを防ぐ効果や、関係者間で認識を共通にし、ある手順が踏まれたか否か等に関して、のちに争いが起きるリスクを低減する効果が期待できる。

(7) Engineer/Employer's Representative による合意形成と決定の手続

a　Engineer の中立義務

　当事者が相手方当事者に対して請求を行う手続において最後のステップとなるのが、Engineer による合意形成・決定の手続である（2022 年再版

で「請求」の定義から除外された、3.7項(a)に掲げられる事項にも合意形成・決定の手続は適用されるが、これについては後記 e を参照されたい)。この時点では、まだ当該請求について当事者間に「紛争」があるとは扱われないため、厳密にいえば、Engineer は紛争解決のための手続を行うわけではない。しかし、後述のとおり、Engineer は当事者間の対話を促して合意形成に努める責務や、合意ができない場合には公正な決定を行う責務を負っていることに照らせば、Engineer は実質的に調停人や仲裁人に類似した役割を担っているとみることもできよう。

　このような役割をこなす際し、Engineer は、「neutral」に行動しなければならず、Employer のために行動しているとはみなされないものと定められている（3.7項）。これは 2017 年版書式における新しい定めであると同時に、1987 年版書式における定めの改定版でもある。すなわち、1987 年版書式では、Engineer は請求に関する決定等を行う際、「impartial」に行動しなければならないとされていた。しかし、FIDICにおける Engineer は Employer のエージェントでもあるため、「当事者のいずれにも肩入れしない」ことを意味する「impartial」は座りが悪いと捉えられることもあった。特に、日本と同じシビル・ローの法体系においてはその傾向がより強く表れ、論争を呼んでいた（これに対し、英国法をはじめとしたコモン・ローの法体系では、もともと、Engineer はその契約管理責任を果たすに際して公正かつ偏りなく行動する必要があるとの考え方が一般的であったため、「impartial」という用語に対する抵抗感は必ずしも大きくなかったようである）。そこで、1999 年版書式において、Engineer が「impartial」に行動することを求める条項は一旦姿を消し、2017 年版書式において、Employer のエージェントとしての立場には変わりなく、単に中立的な振る舞いを Engineer に義務付ける趣旨で、「neutral」に行動することを求める条項として復活した。

　ただし、実際には、真に中立的に行動できる Engineer は多くない。その理由としては、Engineer が、Employer のエージェントである以上いつかなるときでも Employer を助ける義務を負うとの誤解に基づき、Contractor の請求を原則として拒絶する方針を取りがちなことが挙げら

れる。また、Engineer がプロジェクトの設計担当者でもある場合、設計や図面の不備に基づく Contractor の請求を認めることは、自らの過ちを認めることになるため、やはり Contractor の請求を拒絶する方向に傾きがちである。このジレンマを軽減するには、Engineer となり得る人材に対して中立義務への理解を促し、可能であれば設計担当者を Engineer に任命することは控える等の方策が必要となろう。

なお、念のために付言すると、Silver Book で合意形成・決定の手続を行うのは Employer's Representative であり、Employer のために行動するのを前提とせざるを得ないことから、中立義務は定められていない。

b 手続の概要（3.7項、Silver Book では3.5項。以下枝番号含めて読み替え）

前述のとおり、2017年版書式のもとでは、当事者による金銭的請求、時間的請求およびその他の請求は全て Engineer（Silver Book では Employer's Representative。以下同じ）による合意形成・決定手続の対象となる。すなわち、金銭的・時間的請求以外の請求であっても、合意形成・決定手続を経ずに DAAB に付託することはできない。

(a) 合意形成（Consultation to reach agreement）

Engineer は、まず、両当事者と合同または個別に協議し、後述する期限内に合意が得られることを目指して、当事者間の話し合いを促す必要がある。別段の合意がない限り、Engineer は両当事者に協議内容の記録を提供することとされている（3.7.1項）。

合意形成の期限は42日間であるが、その起点が請求の種類によって異なる。すなわち、金銭的・時間的請求の場合は、20.2.4項に基づく詳細な請求書面を Engineer が受領した日から42日、そのうち継続的請求については20.2.6項に基づく（中間的または最終の）書面を受領した日から42日、その他の請求の場合は20.1項に基づく請求通知を受領した日から42日となる（3.7.3項）。

この期限内に合意が形成された場合は、Engineer は両当事者に対してその旨の通知を出す。通知には、合意内容を記した書面を添付する必要があり、両当事者がこの合意に署名することとされている。期限内に合意が

形成できなかった場合、または、両当事者が Engineer に対し、期限内に合意を形成できる見込みはない旨を伝えた場合は、Engineer はその旨の通知を両当事者に出し、直ちに決定の手続に進むこととなる（3.7.1項）。

 (b) 決定（Determination）

Engineer は、契約に従い、かつ、全ての事情を考慮して、公正な決定を行うものとされている（3.7.2項）。かかる決定を行う期限は、Engineer が合意形成から決定手続に移行するべきときから 42 日間である（3.7.3項）。したがって、合意形成と決定の手続を合わせると、最大で 84 日間かかることになる。

Engineer は、期限内に、両当事者に対して決定通知を出し、決定に至った理由を含めてその内容を詳細に説明する必要がある。この通知には、決定の根拠となった資料も添付することとされている（3.7.2項）。

 (c) 合意・決定の修正

Engineer による合意または決定の通知から 14 日以内に、Engineer または当事者が誤記や計算間違いの類を発見したときは、その修正が認められている。具体的には、Engineer が発見した場合は、直ちに当事者に修正を伝え、当事者が発見した場合は、Engineer に対して誤りを指摘する通知を出す（Engineer が誤りであることに同意しない場合は、その旨を直ちに当事者に伝えることとされている。以上、3.7.4項）。

 (d) Engineer が合意形成・決定を行わない場合の処理

Engineer が前記の手続どおりに合意形成・決定を行わず、期限内に通知を出さなかった場合には、当該請求は認められなかったものとみなされる（3.7.3項）。これは 2017 年版書式で明確にされた取扱いであり、Engineer が通知を出さないことで故意に合意形成・決定手続の完了を遅らせ、紛争解決手続への移行を妨害することを防げるという点で、当事者（特に、Engineer が Employer のためにそのような妨害をするのではないかと危惧する Contractor）にとっては望ましい。

 c 決定の効果（3.7.4項）

Engineer による決定（前記 b(c)の修正があった場合は、修正後の決定）は、21 項の定める紛争解決手続に従って変更されるまで両当事者を拘束する

ものとされている。なお、合意については、両当事者が納得した結果であるため、前記b(c)の修正以外の変更は想定されていない。

　Engineer の決定に不服のある当事者は、Engineer から決定通知（前記b(c)の修正があった場合は、修正後の決定）を受領した後 28 日以内に、その旨および不服の理由を相手方に通知することとされている（3.7.5 項）。この通知は Notice of Dissatisfaction（NOD）と呼ばれる。NOD は、Engineer にも副本を送付する（電子ファイルの場合は、Engineer を CC する）必要がある。当事者が Engineer による決定の一部のみに不服がある場合も、同様に、当該一部について NOD を発することとなる。

　NOD が 28 日以内に出されなかった場合には、Engineer による決定は両当事者によって受諾されたとみなされ、最終的なものとして拘束力を持つ。これは、当該決定について紛争解決手続で争うことは不可能となるという意味で、time-bar 条項の一つに当たる。Time-bar 条項にまつわる実情については後記(8)で述べるが、少なくとも条文上は紛争解決手続への移行が遮断されるため、当事者としては、Engineer による決定を迅速に検討し、不服のある場合は期限内に NOD を出すことが重要となる。

　さらに、NOD が期限内に出された場合でも、当該 NOD の発出または受領から 42 日以内に DAAB へ紛争を付託しなければ、NOD が失効することに注意が必要である（21.4 項）。これもまた time-bar 条項であり、紛争解決手続の利用を希望する当事者は、誤ってその権利を失うことのないよう、期限内に DAAB への付託を行うことが重要である。

d　合意・決定違反の処理（3.7.4 項）

　当事者の一方が、形成された合意または最終的な拘束力を持った決定に違反した場合、相手方当事者は、当該違反そのものを直ちに仲裁へ付託することができる。すなわち、この場合には、DAAB による手続を経る必要はなく、むしろ当該違反は DAAB の決定に従わない違反と同様に扱われることとなる。

e　2022 年再版における「合意形成または決定の対象事項（matter to be agreed or determined）」への適用

　前述のとおり、2022 年再版では、「請求」と「合意形成または決定の対

象事項（matter to be agreed or determined）」が区別され、後者については20項に定める手順を全て踏む必要はないことが明らかにされた。もっとも、これらの事項は、20項の作用ではなく、各条項における個別規定の作用によって、EngineerまたはEmployer's Representativeによる合意形成・決定手続に付すことが必要となる。2022年再版の3.7項では、こうした事項を定めるものとして13の条項[8]が列挙されており、具体例としては、一部検収に伴うDelay Damagesの減額（10.2項）、Engineerの指示によるVariationに起因して認められるEOTおよび／または追加コストの有無およびその範囲（13.3.1項）、Employerの主導による契約解除に伴ってContractorに支払う清算金額（15.3項、15.6項）等が含まれる。これらの事項については、合意形成のための期間制限（原則として42日）は、その起算点として各条項が定める手順（例えば、10.2項の場合は、同項のもとでContractorが発出すべき通知）が踏まれたときから起算される。

(8) Time-bar条項

a　FIDICにおけるtime-bar条項

本項で紹介したものも含め、FIDICには、当事者の請求や紛争解決手続に関して複数のtime-bar条項が存在する。ここでいうtime-bar条項とは、期間制限の定めであり、所定の期間内に行わなければならないことを行わずに当該期間が過ぎた場合、追行しようとしていた権利を失うという効果が生じるものである。

改めて整理すると、2017年版書式においては、請求および紛争解決手続の利用に関し、以下の五つのtime-bar条項が設けられている。

① 請求通知に関するもの（請求の根拠となる事象を認識した、または認識すべきであったときから28日以内に通知しなければ、請求ができなくなる）

---

[8]　4.7.3項、10.2項、11.2項、12.1項、12.3項、13.3.1項、13.5項、14.4項、14.5項、14.6.3項、15.3項、15.6項、18.5項。

②　詳細な請求書面に関するもの（請求の根拠となる事象を認識した、または認識すべきであったときから 84 日以内に、請求の契約上の根拠その他の法的根拠を提出しなければ、請求通知が失効する）
③　Engineer の決定に関するもの（Engineer から決定通知を受領した後 28 日以内に NOD を出さなければ、決定が最終的なものとして拘束力を持ち、DAAB 以降の紛争解決手続に付託できなくなる）
④　紛争の DAAB への付託に関するもの（NOD の発出または受領から 42 日以内に DAAB へ紛争を付託しなければ、NOD が失効する）
⑤　DAAB の決定に関するもの（DAAB の決定を受領してから 28 日以内に NOD を出さなければ、決定が最終的なものとして拘束力を持ち、仲裁に付託できなくなる）

前記のうち、①および②については、合意形成・決定の段階で、Engineer が諸事情を考慮の上、請求が time-bar にかからないという取扱いをすることが可能となっている。なお、②～④は 1999 年版書式にはなく、2017 年版書式にて導入された time-bar 条項である。

b　Time-bar 条項の目的と有効性

Time-bar 条項の目的は、請求や紛争が生じた際、その都度速やかに対応することを当事者に促し、事態の早期解決をはかることである。建設契約の当事者は、プロジェクトを完工に導くための業務に忙殺され、請求や紛争への対応を後回しにしがちである。その結果、プロジェクトの最後で多数の問題が発覚し、無用の紛争が生じることも少なくない。そこで、比較的短い期限を設け、それを徒過した場合には権利を失うという重大な効果を生じさせることにより、それを避けるために当事者が行動するよう仕向ける、いわば「鞭」として time-bar 条項が設けられていると解される。

このような time-bar 条項の有効性に対する考え方は、国によって異なり得る。例えば、コモン・ロー系の法体系の中でも契約条項に極めて忠実な英国法のもとでは、守るべき期限が具体的に決められ、かつ、これを守らなければ権利を失うことが明示的に定められていれば、time-bar 条項は有効とされるのが一般的である。前記の FIDIC における time-bar 条項は、いずれの特徴も備えているため、英国法のもとでは有効と認められ

る可能性が高いと考えられる。そのため、契約準拠法が英国法の場合は、当事者の請求を不法行為等の法律上の請求と構成し、「time-bar 条項は契約上の請求権のみを失わせるものであるから、当該請求は遮断されない」として、主張を工夫するケースもみられるようである。

　一方、信義則等による契約の修正に親和性のあるシビル・ロー系の法域では、time-bar 条項の有効性がより慎重に吟味されることもあり得る。例えば中東では、信義則のほかに、シャリーア（イスラム法）上の「正当な請求が消滅することはない」という原則が存在し、契約上の time-bar 条項の解釈においてよく問題とされている。具体例としては、「（請求が永続するとはいわないまでも）法定の時効である〇年間を契約によって短縮することは許されない」といった主張の根拠として、同原則が使われることがある。さらに、契約条項そのものは有効だとしても、time-bar をどれほど厳格に適用すべきかという点について、同じくシビル・ロー系の法域ではより慎重に吟味され得る（すなわち、契約書に明記されていない例外を認める、期限の起算点を後ろ倒しにする等、請求権が time-bar にかからないと扱うための柔軟な解釈が検討されやすい可能性もある）。

　　c　Time-bar 条項の理想と現実

　前記のとおり、time-bar 条項は、当事者による問題の先送りを防ぎ、事態を早期に解決することを目的としている。この目的自体は妥当なものであり、当事者の利益に資するといえよう。当事者が FIDIC の規定どおりに手続を踏むことができ、かつ、その手続の帰趨に満足するのであれば、プロジェクトの最後で紛争対応に多大な時間と労力を取られるリスクを抑えることができるはずである。

　しかしながら、この目的が十分に達成できているとはいい難いのが現状である。当事者は、time-bar により請求権を失うことをおそれるあまり、根拠の明確でないものや、当事者間による協議で解決可能と思われるものまで正式な請求・紛争解決の手続に乗せようとしたり、Engineer や DAAB による自らに不利な決定に対して機械的に NOD を発出したりする傾向にある。これにより、プロジェクトの最後に集中せずとも、結局は紛争対応に多大な時間と労力を取られかねない。また、全ての請求や紛争

にその都度対応することは現実的に困難である（かつ、当事者間で日常的にコミュニケーションを取っているプロジェクトにおいては、契約要件を厳密に満たす個別の通知等を出して対応することの必要性が理解されにくい）から、どうしても期限を徒過する場合が出てくる。その場合、当事者はtime-barをなんとか回避しようとするので、time-barの有効性や適用範囲に関する紛争に発展することが多い。つまり、time-bar条項は早期解決・紛争削減を意図しているにもかかわらず、その効果があまりに重大であるために、逆に新たな紛争の種が生まれてしまうということである。

　このような問題点を改善するため、time-bar条項以外のアプローチも検討されるべきではないかと思われる。例えば、請求権を失わせるという「鞭」ではなく、期限内に行動した当事者には、前記(6)aで述べた厳格な「通知」の要件が緩和される、請求に関する主張を補足する機会が与えられる等、何らかのメリットがあるという「飴」によって当事者の行動を促すことは、選択肢の一つではないだろうか。この点は、今後のFIDIC書式の改訂において、検討が俟たれるところである。また、現行のFIDIC書式のもとでも、当事者が合意によりtime-barの制約を取り払うことは、契約自由の原則に照らして可能であるから、EmployerとContractorの関係性次第では、そのような合意が可能かを探ってみることが有益である場合もあろう。筆者は、実際に当事者がこのような合意を結び、紛争の回避に成功したプロジェクトを経験している。

| コラム | 期間制限徒過を諦めない |

　はしがきで述べたとおり、本書のもとは、商事法務ポータルにおける連載である。この連載に基づき、国際建設プロジェクト担当者を対象とする勉強会をしたところ、参加者から、time-bar条項に関する説明が「目からうろこ」であるとの声が複数挙がった。

　筆者らとしては、想定していなかった反応であり、また、「目からうろこ」である理由が直ぐには分からなかった。その理由は、期間制限を形式的には徒過していても請求が認められる余地があること、したがって、国際建設プロジェクトの現場対応としては、期間制限が形式的

に徒過していたからといって、必ずしも諦めるべきではないことが、新たな発見だったということである。

これらの勉強会参加者の方々は、経験豊富な方々である。その方々が、期間制限を形式的に徒過したら、諦めるしかないと考えていたということは、日本の担当者の交渉姿勢として、象徴的である。

一方、外国の担当者は、期間制限を形式的に徒過しても、当然主張するべきことは主張するという考え方である。勉強会でのこの経験を通じ、日本の担当者が交渉姿勢として、主張するべきことを主張するという考え方をより強化する必要があること、その点を本書において伝える必要があることを、実感した次第である。

法律には一定の柔軟性があること、すなわち、原則には例外があること、合理性がある考え方は多くの場合法的に説明がつくこと、法的に説明がつく結論は多くの場合一つではないこと、それゆえ法的紛争の判断には時間がかかること等、を是非ご認識の上、主張するべきことは諦めずに、少なくとも一旦は主張して頂きたい。特に、FIDIC 2017年版書式のように、客観的には請求がtime-barにかかってしまうケースでも、Engineerによる合意形成・決定の段階で、諸事情を考慮の上、請求がtime-barにかからないという取扱いをすることが可能な契約においては、Contractorの立場からは、柔軟な対応を求めるようEngineerに働きかけてみることも重要であると考えている。

4 DAAB

(1) 概　要

a　FIDICにおける紛争の回避および解決のステップとDAABの位置付け等

DAABとは、Dispute Avoidance/Adjudication Boardの略称であり、紛争を回避するための、あるいは紛争について判断を示すための委員会である。委員会（Board）とはいっても、建設プロジェクトごとに設置されるもので、当該プロジェクトが終了すれば当該委員会も終了することになる。また、委員会の構成員が1名のこともある（人数は、3名か1名である）。

しかしながら、DAABは、複雑な紛争が多数生じやすい大規模な建設・インフラ工事契約において、効率的に紛争の回避および解決をするという

目的に照らし、重要な役割を果たすものである。

　FIDIC は、紛争の回避および解決について、以下のステップを定めており、主体に着目すると、① Engineer、② DAAB、③仲裁廷の三段階がある。

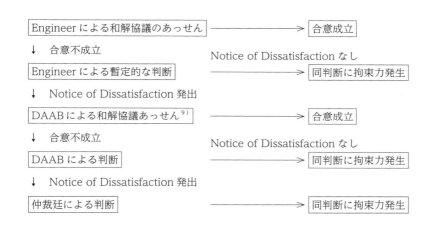

　DAAB は、この三段階のうち中間に位置する。
　最後の仲裁廷は、まさに最終的な判断のための手続であり、当事者に十分な主張立証の機会が与えられる。仲裁廷も判断の根拠を証拠等の確実なものに求めることになり、柔軟さは後退する。換言すれば、厳格な手続となり、必要な時間、労力、金銭的コストも増加しやすい。特に大規模な建設・インフラ工事について、複雑な紛争を仲裁廷のもとで解決するとなると、これらの負担は極めて大きなものとなり得る。したがって、当事者とすれば、この段階に至る前に、紛争の回避ないし解決を望むことになる。
　これに対し、最初の段階である Engineer のもとでの手続は、負担は大きくはないものの、Engineer は Employer から選任され、Employer の

---

9) DAAB による和解協議あっせんは、当事者（Employer および Contractor）が同意した場合に行われる。

ために行動するものとみなされ（3.2項）、業務の対価も、Employerから受領している。本章3(7)において述べたとおり、紛争の回避および解決の場面では、Engineer は「neutral」に行動しなければならず、Employerのために行動しているとはみなされないものと定められている（3.7項）ものの、実際のところでは、Contractor の請求を拒絶する方向に傾きがちである。

また、建設コンサルタント会社が Engineer として選任されることが一般的であり、設計業務、施工管理業務の専門的知見はあるが、契約管理や紛争の回避および解決の知見を十分に有していない可能性もある。

そこで、DAAB が、大規模な建設・インフラ工事において、効率的な紛争の解決および回避のために必要とされる。DAAB は、Employer と Contractor との間で中立的であり、業務の対価は両者から受領する[10]。また、紛争の回避および解決の知見を十分に有する者が構成員となる。したがって、Engineer のような問題を抱えることはない。他方、仲裁廷のような厳格さはなく、時間、労力、金銭的コストを抑えることができる。

また、特筆するべきこととして、DAAB は、仲裁廷と比べて、紛争ないし潜在的紛争との距離がはるかに近い。すなわち、DAAB は、工事の進行中に、工事現場を定期的に訪問することが想定されており、また、紛争ないし潜在的紛争が発生したところで、タイムリーに対処することが想定されている。詳しくは改めて述べるが、この物理的および時間的な距離の近さは、特に大規模な建設・インフラ工事における複雑な紛争において、その効率的な回避および解決にとって絶大なる価値である。

　b　種　類

DAAB に類似するものとして、DRB と、CDB がある。DAAB は、DAB と称されることもあり、FIDIC においても、1999 年版における名称は、DAAB ではなく、DAB であった。また、FIDIC Pink Book（MDB

---

10)　日本の国際協力機構（JICA）の Standard Bidding Documents では定常的コスト（Retainer および定期的 Site Visits に要する費用）は Employer が 100％負担し、Referral のコストは折半としている。これは定常的にかかるコストはリーガル・コストではなく、マネジメント・コストと理解しているからであろう。

Harmonised Edition) 2004 年版、2010 年版では、DB である。以上につき、ここで概念整理をしておきたい。なお、以下における用語説明は、基本的には、ICC（国際商業会議所）の Dispute Board Rules[11] に基づいている。

DRB とは、Dispute Review Board の略称であり、紛争の解決または回避のため事実上の協力（informal assistance）を行うか、あるいは正式に付託された紛争に対して、勧告（Recommendation）を行う。この勧告に法的拘束力はない。

DAB は、Dispute Adjudication Board の略称である。DAB ないし DAAB は、紛争の解決または回避のため事実上の協力を行うか、あるいは正式に付託された紛争に対して、判断（Decision）を行う。この判断には法的拘束力があり、当事者は判断の効力が否定されない限り、これに従わなければならない。この法的拘束力の有無の違いが、DRB と、DAB ないし DAAB との違いである。

CDB とは、Combined Dispute Board の略称であり、DRB と DAB との複合形態である。すなわち、CDB は、紛争の解決または回避のため事実上の協力を行うか、あるいは正式に付託された紛争に対して、勧告または判断を行う。このいずれかを行うかは、次のように定まる。

- 当事者から判断を求められない限り、勧告を行う。
- 当事者から判断が求められた場合には、他の当事者から判断を行うことにつき異議が唱えられない限り、判断を行う。
- 当事者から判断が求められ、かつ、他の当事者から判断を行うことにつき異議が唱えられた場合には、判断を行うか勧告に留めるかを、CDB が決める。その際には、契約の遂行、損害の回避、証拠の保全等の観点から判断が必要か否かを考慮することとされている。

DB とは、Dispute Board の略称であり、意味としては、2 通りの用いられ方がある。一つは、DRB、DAB（DAAB）および CDB を総称するものである。もう一つは、前述の FIDIC Pink Book（MDB Harmonised

---

11) ICC のホームページにおいて、入手可能である。https://iccwbo.org/dispute-resolution/dispute-resolution-services/adr/dispute-boards/dispute-board-rules/

Edition）2004年版、2010年版における用いられ方で、DAB（DAAB）を意味する。本章では、以下、DRB、DAB（DAAB）およびCDBを総称する意味で用いる。

なお、DRB、DABおよびCDBのいずれが望ましいかは一概にはいい難いが、一つ指摘できることとして、法的拘束力を有しないDRBであっても、紛争の回避および解決に大きく資するということがある。すなわち、DRBから勧告を受けた当事者は、これを無視するのではなく、これに基づき和解交渉をすることが多い。また、勧告には法的拘束力がないゆえに、当事者の関係を損ねることなく、その後の交渉で和解が成立する可能性が高いともいえる。法的拘束力のある判断は、一方当事者に有利に、他方当事者にとって不利となり、両者間の距離を遠ざける傾向にあるが、法的拘束力のない勧告にはこのような問題が生じ難いということである。DBの国際的な団体であるDRBF（The Dispute Resolution Bord Foundation）の資料によれば、DRBの成功率（訴訟、仲裁等の負担の重い紛争解決手続に至らずに、解決できる割合）は98％とされている。

　　c　沿　革

DBのコンセプトは、1960年代中頃から、米国を中心に発展してきた。成功例として、米国ワシントン州のダムと地下発電所のプロジェクト、米国コロラド州のトンネル坑道の工事、ホンジュラスの水力発電プロジェクト等がある。なお、米国におけるDBの類型としては、DRBが主であり、これは前記の黎明期から現在に至るまで続いている（ただし、DRBという名称が用いられたのは、前記コロラド州のトンネル工事が初めてであり、それまでは別の名称であった）。

FIDICは、これらの成功例を踏まえ、1999年版から、DABによる紛争解決手続を導入した[12]。続いて、2004年には、世界銀行と開発銀行群（MDBs[13]）および国際金融機関（IFIs[14]）が、FIDICの協力のもとに

---

12) これより以前、1987年版FIDIC Red Bookの補追Section A-Dispute Adjudication Boardが選択肢として加えている。
13) Multilateral Development Banksの略称である。
14) International Financial Institutionsの略称である。

FIDIC約款1999年版に基づく共通約款（MDB Harmonised Edition、通称Pink Book）を発行し、ここでもDABによる紛争解決手続を導入した。これによって、世界銀行および開発銀行群融資のプロジェクトでは、DABの設置が必要的となった。また、日本の国際協力機構（JICA）も、2009年にODA融資プロジェクトの調達図書（Sample Bidding Documents）にDABを取り入れた。

以下では、DAABに関するFIDICの規定の要点を確認した上で、DAABの価値ないしメリットについてより具体的に述べ、また、DAABに関する留意事項を述べることとする。

(2) FIDICの規定内容
a 構　成
FIDICは、三つの箇所でDAABについて規定している。

一つは、FIDICの本体部分といえるConditions of Contractの箇所で、その21章（紛争と仲裁）において、大枠について定めている。

二つ目は、Appendixで、DAABの構成員EmployerおよびContractor間で締結するDAA合意（Dispute Avoidance/Adjudication Agreement）の規定内容について、定めている。

三つ目は、Annexで、DAABが和解協議あっせんおよび判断をする際の、手続ルールについて定めている。

以下、各要点について解説する。

b Conditions of Contractの規定内容
(a) DAABの組成
21.1項は、DAABの組成について、以下の点を定めている。
- 構成員の選任について、ContractorがLetter of Acceptanceを受領した後所定の期日内に（定められていなければ28日以内に）、当事者（EmployerおよびContractor）が共同で選任する。すなわち、工事および契約の当初から選任されることが予定されている。
- 構成員の人数について、1名か3名のいずれかで当事者が定めることとし、当事者が定めなければ、3名とする。

- 構成員への報酬等は、DAA合意で定める。
- DAABの終期は、基本的に14.12項のDischargeが効力を発生したときとされている。この時点は、ContractorがEmployerから最終の支払いを受け、提供していた担保（Performance Security）も回収するという最終段階であるから、DAABは、工事および契約の当初から完了まで、存続することが予定されているといえる。

(b) DAAB構成員が任命されない場合

21.2項は、当事者が、DAABの構成員を選任しない場合について、Contract Data（契約書類の一つ）において定められた機関等が、DAABの構成員を選任すると定めている。

このような機関等は、主として国際仲裁で用いられる用語ではあるが、「appointing authority」と呼ばれる。国際仲裁の文脈では、当事者等が仲裁人を決められない場合に、仲裁人を決める機関を指し、ICC、SIAC、HKIAC、JCAA等の仲裁機関における仲裁手続であれば、これらの仲裁機関がappointing authorityとなっている。

FIDICのDAABにおいては、当事者が別段の定めをしない限り、DAABの構成員を決めるappointing authorityは、FIDICのPresidentとなっている。

(c) 和解協議あっせん

21.3項は、当事者が合意した場合には、DAABが和解協議あっせんをすることができると定めている。

換言すれば、当事者が合意しなければ、DAABは和解協議あっせんをしないことになる。このような取り決めの趣旨は、判断権者が和解協議に関与した場合に、判断の公正が歪められるのではないかと懸念されていることにある（これは、後述のとおり裁判官が和解を試みることのできる日本の民事訴訟にはない発想である）。

また、当事者の合意に基づき、DAABが和解協議あっせんを行う場合においても、当事者双方が同席することが原則となっており、DAABが各当事者と交互に和解協議をすること（日本では交互面談方式等と呼ばれる方式）は、当事者がそれを許容するとの合意を別途しない限り、認められ

ない。この理由は、一方当事者のみとの協議において、他方当事者の手続的権利（反論の機会）が奪われる懸念と、DAABの判断の公正が歪められる危険がより高まるとの懸念とにある。

これに対し、日本の民事訴訟では、判断権者である裁判官が、「訴訟がいかなる程度にあるかを問わず、和解を試み」ることができると定められており（民事訴訟法89条）、かつ、各当事者と交互に和解協議を行うこと（交互面談方式）も一般的である。この点は、日本の民事訴訟実務が、海外と大きく異なる点といえる。

なお、念のため付言すると、DAABの役割ないし機能は、判断と、当事者の合意に基づく和解協議あっせんの二つに限られるものではない。この点については、DAABの価値の項で改めて述べるが、例えば、DAABの非公式の見解（informal opinion）は、和解協議あっせんの一部でありつつ、関係者へ説明を行い、その納得を得るという場面で、大きな価値を発揮する。また、さらに大きい機能は、DAABが当事者の気づいていない紛争の芽を感知し、当事者に知らしめ、問題がエスカレートする前に当事者自らが解決するように導くことである。

(d) DAABによる判断（decision）

21.4項は、DAABによる判断について、四つの事項を定めている。

一つは、DAABに判断を付託する手続である。Engineerの判断に対する不服通知（NOD[15]）後42日以内に、所定の事項を記載した書面で、一方当事者から行われることが定められている。

次は、前記付託後の各当事者の義務である。DAABが必要とする情報を入手できるようにすること、現場その他必要な施設にアクセスできるようにすることが定められている。また、DAABへの付託にかかわらず、各当事者は、契約上の義務を履行するべきことが定められている。FIDICは円滑な工事の進行を重視しており、この義務はその一つの表れといえる。

三つ目は、DAABの判断についてである。付託後、原則84日以内に判断をすることが定められている。仲裁や訴訟に比べると、随分短い期間で

---

15) Notice of Dissatisfaction の略称である。

ある。DAABの迅速性と効率性の表れといえる。また、DAABの判断において金銭支払いが命じられた場合には（下記のDAABの判断に不服がある場合の手続が取られたときにも）、直ぐに履行する義務があることも定められている。

なお、この金銭支払いについては、後に当該DAABの判断が仲裁手続において覆される可能性を考慮して、支払いを受領する当事者に担保を提供することを、一定の要件のもと、DAABが要求できるとされている。通常、金銭の支払いを受領するのはContractorであるから、担保を提供するとすれば、Contractorが提供することになると考えられる。また、担保としては、金融機関が発行するボンドが想定される。

このような担保提供は、Contractorにとって、負担である。DAABの主要な機能の一つに、Contractorの資金繰りを円滑にし、工事の進行を円滑にすることが挙げられるところ、仮にDAABがContractorに担保提供を命じるのであれば、当該担保の分、Contractorが金融機関から受けられる信用供与が減縮し、Contractorの資金繰りが悪化することが懸念される。すなわち、DAABが、EmployerにたいしてContractorへの支払いを命じた意義が減殺されることが懸念される。そのため、かかる担保提供については、否定的な意見が強い。

四つ目は、DAABの判断に不服がある場合の手続である。いずれの当事者も不服通知（NOD）を発することができるが、DAABの判断後28日以内に発せられる必要がある。この期間内にいずれの当事者からも不服通知が発せられなければ、DAABの判断は確定し、当事者を拘束する（英語でいうと、「final and binding」という状態である）。逆に不服通知が発せられた場合には、その後28日間の和解協議期間の後、仲裁に手続が進むことになる（21.5項および21.6項）。

　　c　DAA合意 General Conditions の規定内容

前記aのとおり、Appendixは、DAABの構成員、EmployerおよびContractor間で締結するDAA合意（Dispute Avoidance/Adjudication Agreement）の規定内容について定めている。

その要点としては、以下の点がある。

- DAAB の構成員が当事者から中立公正かつ独立（impartial and independent）であること。
- DAAB の構成員が必要な知見を有すること。
- DAAB に十分な情報が提供され、DAAB の現場等へのアクセスも確保されること。
- 当事者の相互協力および、DAAB への協力。
- 所定の手続遵守。
- 守秘義務。
- DAAB 構成員が、その後仲裁手続に移行した場合にこれに関与しないこと。
- 当事者からの DAAB 構成員への報酬等の支払い。
- DAAB 構成員が中立公正かつ独立ではない場合の忌避手続。

　　d　DAAB 手続ルールの規定内容
　　　(a)　目　的
　DAAB を通じて、紛争が回避されること、また、紛争が生じた場合には、迅速かつ効率的に、コストを抑えた形で解決することを、目的として掲げている。

　　　(b)　和解協議あっせん
　当事者（Employer および Contractor）の合意がある場合には、DAAB は和解協議あっせんを行うところ、その場面ないし方法が、当事者との会議の場面、現場訪問の場面、および当事者に対する非公式の文書（informal written note）であることが規定されている。

　　　(c)　会議と現場訪問
　DAAB が工事の内容と状況を把握するために、また、紛争の予兆ないし紛争が生じた場合には、その内容と状況を把握するために、会議と現場訪問は重要である。
　DAAB 手続ルールでは、DAAB が選任された後、できる限り速やかに対面での会議を設定することが定められている。また、その最初の会議では、その後の会議や、現場訪問のスケジュールを定めることも求められている。会議ないし現場訪問の頻度については、70 日以上 140 日以下の間

隔が原則であることが定められている。

会議は、対面のほか、電話会議、テレビ会議の形式でも可能である。

会議、現場訪問を実施した後は、DAABがレポートをまとめることとなっている。

(d) DAABと当事者（EmployerおよびContractor）間のやり取り

DAABと一方当事者がやり取りをする際には、同時に、他方当事者にそのコピーを送付することが義務付けられている。手続の透明性確保のためである。

また、当事者からDAABに対して、契約書類、プログラム、関連する通知等の関連書類を提出することも、義務付けられている。

(e) DAABの権限

DAABの権限として定められている事項のうち、主なものは以下のとおりである。

- 手続の進行（現場訪問、和解協議あっせん、判断（decision）等の手続について）
- DAABの管轄、判断対象[16]
- 当事者の同意がある場合には、専門家（法律の専門家、技術の専門家等）の手配
- 判断のために必要な事実の調査

(f) 判断（decision）に向けた手続

まず、各当事者、すなわちEmployerおよびContractorのそれぞれに、合理的な範囲の主張立証の機会と、反論反証の機会を確保することが、DAABの義務として定められている。ただし、DAABの手続の迅速性を損なわない範囲とされ、また、DAABは、手続の進行を定める際に、無用な遅延や費用を避けることも求められている。

ヒアリングについての、規定も設けられている。ヒアリングは、判断に向けた手続のメインイベントというべきもので、DAABおよび当事者が一堂に会し、口頭での議論や、事実確認（尋問）等を行うものである。

---

16) 判断できる範囲を、DAABが自ら判断するという立て付けである。

ヒアリングにおいては、DAABは、判断事項について意見を述べてはならないとされている。当事者のいい分を聞くことに集中することが、DAABに求められているといえる。

　また、同様の趣旨に基づくものと解されるが、ヒアリングにおいては、DAABは和解協議あっせんを行ってはならない。

　判断が、DAABメンバーが3名の場合に、全員一致に至らないときは、多数決によって判断することができる。その際には、多数意見のDAABメンバーが、少数意見のDAABメンバーに、別途のレポート作成を求め、これを当事者に提供することができる。

　　(g)　DAA合意終了の場合

　DAABの各メンバーとの間で、DAA合意が個別に締結されているところ、DAABメンバーが辞任その他により退任した場合には、当該メンバーとのDAA合意は終了する。

　その場合、判断について定められた期間（前述のとおり、付託後、原則84日以内に判断することが求められている）が中断し、補充のメンバーが新たに選任された場合には、またゼロから期間がスタートする。

　ただし、DAABメンバーが3名の場合には、1名欠けたとしても、残りの2名で、手続を進めることができる。もっとも、ヒアリングと判断は、当事者が別途合意しない限り、2名だけでは行うことはできない。

　　(h)　DAABメンバーに対する異議および忌避申立て等

　各当事者は、DAABメンバーに対する異議（objection）と忌避（challenge）を申し立てることができる。いずれも、DAABメンバーの排除を求めるものであり、その理由となるのは、中立公正性を欠くこと等である。

　異議は、対象となったDAABメンバーの応答を求める手続である。応答のポイントは、当該メンバーが異議に応じて辞任するか、あるいは異議に理由がないとして辞任を拒むかである。この応答は、異議通知を受領した後、7日以内に行わなければならない。

　忌避は、ICC（国際商業会議所）の判断を求める手続である。異議を申し立てた当事者は、対象となるメンバーの応答を受領した後、7日以内に

この忌避を申し立てることができる。ICC は、忌避を認めて当該メンバーを排除するか、あるいは忌避を認めずに当該メンバーが引き続き DAAB の業務に当たるかを、判断する。

(3) DAAB の価値
a 仲裁との比較——紛争の効率的解決、さらには紛争の予防、さらには収益貢献

ここからは、DAAB を効果的に活用するという観点から、DAAB の価値とその要因を確認した上で、DAAB の価値を生かすために留意するべき点を解説する。

最初は、DAAB の一つ目の価値である、紛争の効率的解決である。

本章1(7)において述べたとおり、法的紛争の解決には、一般的には次の4段階があり、下の段階に進めば進むほど、紛争解決のコスト（労力、時間、費用等）は増加する傾向にある。

① 当事者間での和解交渉
② 代理人弁護士間の和解交渉
③ 調停人等の第三者を介した和解交渉のための手続
④ 訴訟、仲裁等の第三者の強制力ある判断を求める手続

DAAB は、二つの手続に対応しており、一つが、当事者が合意した場合に行われる、和解協議あっせんである。これは、前記の4段階のうち③に相当するものであり、④の仲裁と比較すると、紛争解決のコストは少ないものである。

DAAB が対応するもう一つの手続は、判断（decision）であり、一見すると、前記の4段階のうち、仲裁と同じく④に相当すると思われる。しかしながら、実際には、この判断も、仲裁と比べると、紛争解決コストは明らかに少ないものである。

その上、DAAB は、紛争の予防に資するものであり、さらには、プロジェクトの収益面にプラスの影響を及ぼす。すなわち、FIDIC が想定するような大規模な建設・インフラ工事のプロジェクトにおける紛争の多くは、遅延ないしその他のトラブルにおける損害（収益減少、コスト増加等）の分

担についてである。DAAB の存在によって、遅延ないしその他のトラブルが回避できる可能性が高まり、また、仮に回避できないとしてもその損害がより少ないものとなる。これは、紛争の予防ないし軽減であり、また、プロジェクトの収益面での貢献である。こういった価値は、仲裁では到底実現できるものではない。

　なお、一部の Employer（発注者）は、DAAB が Contractor に一方的に有利なプロセスではないかとの疑いを持っているが、これは正しくない。DAAB の存在は、遅延その他のトラブルを予防し、損害を回避ないし軽減するのであり、Employer の収益面にとってもプラスである。そうであるからこそ、DB の発祥地である米国においては、各州の道路局等の公共工事における Employer が、DB の推進者である。

　以上のとおり、DAAB には、仲裁にはみられない、明確な独自の価値がある。

　　b　関係者への説明における価値

　もう一つの DAAB の価値は、関係者への説明において発揮される。

　紛争は、当事者である企業にとって、経済的その他の意味において、重要となり得る。そのため、紛争に関する情報を当該企業の関係者に的確に伝えることが、必要になることが多い。

　したがって、関係者への説明は重要なことであるが、他方において、前述したとおり、大きなコスト要因ともなり得るのであり、合理的かつ効果的に関係者への説明を行うことは、実は、紛争解決における重要なテーマである。

　この観点でも、DAAB が価値を持つことがあり、かつ、そのような場面が増える傾向にある。すなわち、DAAB メンバーの中立性、公正性、専門性、経験、信頼性等の裏付けにより、プロジェクトのステークホルダーへの説明、説得に、DAAB の非公式の意見（Informal Opinion）が利用され、効果を発揮する例がある。ここでいうステークホルダーの例としては、PFI/PPP 等の出資者、公共工事における会計検査院、財務省、発注者の上位組織である例えば公共事業省等がある。

　特に会計検査院への説明、説得は、Contractor への支払いを実行し、

工事を円滑に進めるために必須となり得るところ、これが容易に進まないことがある。例えば、インドネシアでは、会計検査院が追加費用の支払いに厳しく、インドネシア国内法で認められない追加費用は、FIDIC で認められるものでも拒絶することがある。その障壁が、DAAB の Informal Opinion よって乗り越えられ得るのであり、これは、DAAB の大きな価値である。

DAAB は、資金繰りに貢献するといわれるが、これはその一つの場面である。円滑な資金繰りは、全てのビジネスにおいて決定的に重要な価値であり、FIDIC が想定する大規模な建設・インフラ工事においても、もちろん妥当する。DAAB の資金繰りへの貢献は、工事ないしプロジェクトの成功に向けた、大きな貢献と評価し得る。

(4) DAAB の価値の要因

a 手続の柔軟さ

まず、DAAB が判断（decision）を行うにもかかわらず、仲裁と比べて紛争解決コストが少なくなる理由として、手続の柔軟さがある。ここでいう柔軟さとは、DAAB メンバーの差配のもとに、効率的な手続が志向できるという意味である。これにより、最小限の主張書面および証拠と、最短のヒアリング等による判断が実現できる。

これに対して厳格な手続である仲裁では、当事者の手続的権利が強く意識され、効率性が後退しやすく、当事者が最大限の主張立証を行う傾向にある。そのため、提出される主張書面および証拠の量が多大となり、多くの専門家証人が関与し、ヒアリングの日数も増える傾向にある。

b 手続のタイミング──紛争発生時点との時間的距離

次に、仲裁と比較すると、DAAB は早いタイミングで紛争に対処することになり、換言すれば、手続を行うタイミングと、紛争発生時点との時間的距離が近い。このことには、次の二つのメリットがある。

一つは、事実の把握のしやすさである。仲裁のコストの多くは、事実関係について、仲裁人と共通認識を形成するために費やされる。すなわち、証拠の収集および事実関係の把握、整理、事実主張、事実証人の尋問等に

費やされる。代理人弁護士からすると、自らが体験していない過去の事実について、仲裁人との間で、仲裁判断に記載できるだけの精度および確度で共通認識を形成することを目指すことになるが、多大な労力が必要となる作業である。

　特に、大規模な建設・インフラ工事においては、工事が多層的に行われるため、紛争の原因となっている箇所が、後の工事によって覆われ、みえなくなる可能性が高い。その場合には、前記の共通認識のための労力は、さらに負担の大きなものとなる。

　これに対し、DAABでは、紛争発生時点との時間的距離が近いため、紛争の原因となっている箇所が露見している可能性が高い等、前記の共通認識のための労力が、負担の少ないものとなりやすい。これは、DAABが現場を定期的に視察することも踏まえるとなおのこと、紛争解決コストの大きな減少要因である。

　もう一つのメリットは、初期段階で紛争ないしその予兆に対処できることである。本章1(7)で述べたとおり、損害の回避ないし軽減が可能なのは、基本的に損害が発生、拡大している最中という、初期の段階である。

　本章1(7)においては、トータルの損害が少なければ少ないほど、効率的解決がはかりやすいことも述べた。また、法的紛争の多くは損害をめぐって生じるため、損害が回避できれば、かかる法的紛争を回避でき、さらにいえば、収益面でのプラスでもある。

　DAABの価値は、前述のとおり、紛争の効率的解決、さらには紛争の予防、さらには収益貢献にあるところ、この価値は、DAABが初期段階で紛争ないしその予兆に対処できることを前提とするものである。

　この点に関連して、一つ強調するべきこととして、DAABは工事および契約の当初から設置されることが、極めて重要である。紛争が生じてから設置される例、すなわちアドホック（ad hoc）の例があるが、これはDAABと評価し得るものではない。DAABの価値が全く生かされず、仲裁に対する優位性が失われる。しかも、後の仲裁手続によって、覆され得るものであるから、非常に中途半端な、存在価値の低い手続となってしまう。

1999 年版 FIDIC の Yellow および Silver が、アドホックの DAAB（DAB）を認めているという解釈もあるが、それは適切ではない。DAAB は、その価値を発揮するために、常に当初から設置される必要があり、換言すれば、スタンディング（standing）である必要がある。2017 年版は、この点を明確にする形で作成されている。

　　c　時間的継続性
　　　(a)　事案への精通
　DAAB は、前記 b で述べたとおり、工事および契約の当初から完了まで、存続することが予定されている。この時間的継続性のため、DAAB は、継続的に当該工事に精通し、常に事案を把握している状態となる。

　いざ紛争が発生した場合に、DAAB が既に事案を把握していることは、紛争解決コストの大きな削減要因である。というのも、紛争解決コストの多くは前回述べたとおり、事案の把握、換言すれば、事実関係を確定するための、証拠収集、事実整理、証拠調べ等の作業に費やされるからである。判断主体が最初から事案を把握していることは、訴訟、仲裁等の通常の紛争解決手続では期待できないことであるが、DAAB においては当然のことである。これは DAAB 固有の、大きなコスト削減要因である。

　　　(b)　紛争発生前における紛争要因の解消
　前述のとおり、DAAB は、初期段階で紛争ないしその予兆に対処できる。これは、具体的な紛争ないしその予兆を想定した価値であるが、加えて、一般的な形で、DAAB は紛争の要因を解消することができる。

　その一つが、契約書類の明確化である。

　大規模な建設・インフラ工事において、契約書類は大部となり、また多くの場合英文書類となるところ、それが締め切り間際の短期間のうちに、法務担当者の関与がない形で、かつ、英語を第一言語としない者によって、作成されることが往々にしてある。その結果、内容が不明確で、整合性を欠く契約書類となることも往々にしてあり、そのような契約書類は後に、紛争の温床となる可能性がある。すなわち、損害等が発生した場合に、その負担等について各当事者が、自らにそれぞれ有利な形で、不明確さと整合性の欠如を活用する結果、紛争となる可能性がある。

ただし、このような不明確さと整合性の欠如は、紛争が生じる前であれば、DAAB の調整によって解消可能である。すなわち、各当事者が自らの利害を強調することなく、客観的事実に即して、契約書類を明確にし、整合性を確保することが期待できる。

　もう一つには、DAAB の介在によって、いわゆる「time-bar 条項」の弊害に、合理的に対処できることがある。

　本章 3(4)において述べたとおり、請求の根拠となる事象を認識した（または認識すべきであった）場合、可能な限り速やかに、かつ遅くとも 28 日以内に、当該事象を記載した通知を送付しなければ、当該請求はできなくなる。このように請求を遮断する「time-bar 条項」の存在を意識し、失権をおそれるあまり、過剰に請求が発せられることがあり、その結果、紛争に至ることがある。

　このような無用な紛争を回避するため、DAAB が、事案の特性を踏まえて、例えば、日常的に Contractor と、Engineer ないし Employer が打合せをしており、工事の問題点についてタイムリーに情報交換が行われていることを踏まえて、前記「time-bar 条項」を適用しないことを提案し、これに当事者が応じることがある。その結果、実際に、無用な紛争が回避されたケースも存在する。

　紛争が生じた後は、「time-bar 条項」を適用しないことについても当事者間の利害が対立し、その実現は容易ではないと考えられるが、紛争が生じる前であれば、DAAB の提案によって、実現可能である。

　以上述べた二つの価値はいずれも、DAAB が紛争発生前から、継続的に存在することによって、実現できる価値である。

(c) 信頼関係の構築

　加えて、DAAB が、継続的に当事者および工事現場と接することを通じて、DAAB が事案に精通し、当事者との信頼関係を構築することができる。これによって、柔軟に効率的な手続を志向することが可能となる。

　筆者らが感じることとして、紛争解決コストは、関係者間の信頼関係の大きさに反比例する傾向にある。すなわち、信頼関係があれば問題にする必要がない事項が、信頼関係が欠けることによって問題となり、紛争解決

コストが増加する。また、効率化する手段が、信頼関係があれば利用できるものの、信頼関係が欠けることによって利用できないこともある。

例えば、裁判官、仲裁人といった判断権者が、和解手続に関与するという手段は、判断権者のほかに、和解のためだけに調停人等を確保する場合と比べると効率的な面があり、効率化の手段といい得る。しかしながら、国際的には、和解手続への関与によって判決、仲裁判断等の内容が歪められるリスクが懸念され、この手段は用いられないことが多い。これに対して、そのような歪みが生じないであろうと考えられるだけの信頼関係が関係者間にあれば、この手段を用いることが可能となる。

DAABを起点に関係者間の信頼関係が築かれれば、紛争解決コストを低減する、大きな価値となる。

(5) DAABの価値を生かすための留意点

a 工事および契約の当初から確保すること等

DAABの価値の要因を踏まえると、その価値を生かすためには、まず、工事および契約の当初から、DAABを確保することが決定的に重要である。実際には、FIDICの想定に反して、紛争が生じてからDAABを設置する例もあるが、これではDAABの価値が全く生かされない。DAABの価値の大本となる信頼関係構築も、紛争が顕在化した後では困難である。

ところで、DAABのメンバーが、十分な知見を有する、信頼される人物であるべきことはいうまでもないことである。

b DAABにコストを大きく上回るメリットがあることを認識すること

DAABには一定のコストがかかるため、そのコストに見合う工事である必要があるが、FIDICが想定する大規模な建設・インフラ工事の案件であれば、紛争発生の蓋然性の高さや、DAABが存在しない場合に想定される紛争解決コストを考えると、まず確実に、DAABのコストは割に合うものである。

また、DAABの判断については、当事者の一方が不服を申し立て、仲裁に進むと拘束力が失われ得ることから、結局無駄な手続ではないかとい

われることがある。しかしながら、これは誤解であり、その理由として一つには、不服が申し立てられたとしても、DAABの判断が和解交渉の起点となり、紛争解決に結びつくことが往々にしてあることが指摘できる。

その他の理由としては、DAABの手続を通じて、効率的に証拠が確保され、争点が整理され、後の仲裁の手続の効率化に資することもある。

前記(3)で述べたとおり、DAABは、紛争の予防に資するものであり、さらには、プロジェクトの収益面にプラスの影響を及ぼす。この恒常的な価値は、一つの事象につきDAABの判断に不服を申し立てる当事者がいたとしても、何ら失われることはない。

DAABの価値を生かすための留意点としては、出発点として、DAABの価値を誤解なく認識することが重要であると、筆者らとしては考えている。コストだけを理由にDAABの導入を躊躇い、その価値を享受しないことは、惜しむべきことである。

c 同じ現場で複数の契約が締結されている場合の留意点

同じ現場で、一期工事、二期工事等と契約が分かれ、それぞれ別のContractorが選定されることがある。この場合に、DAABを契約ごとに別にするか、共通にするかは、検討事項である。

同じ現場である以上、DAABが扱うべき情報等につき、各契約に共通する部分が相当程度あると考えられるため、共通のDAABとすることができれば、効率的と考えられる。

また、DAABの価値には、前記(3)において述べたとおり、関係者への説明における価値があるところ、異なるDAABの場合には、この説明内容が異なる可能性がある。これに対し、重要な説明の相手方の例としては、PFI/PPP等の出資者、公共工事における会計検査院、財務省、発注者の上位組織である例えば公共事業省等があるところ、これらの相手方は各契約で同じである。したがって、異なるDAABの場合には、同じ相手方に対して、異なる内容の説明が行われる可能性があり、それが混乱を招き、関係者への説明におけるDAABの価値を減殺するおそれがある。この意味においても、共通のDAABが望ましいといえる。

別のDAABが望まれる理由としては、各Contractorが、DAABメン

バーの選任に関与することを望むことがある。共通のDAABとする場合、先行する工事のDAABが、後の工事も担当することとなり、後の工事のContractorがDAABメンバーの選任に関与できないことが考えられる。なお、Employerの方は各工事で同じであるため、このような問題は考え難い。

この問題への対処は、基本的には後の工事のContractorへの配慮であり、その理解が得られるかがポイントとなる。後の工事のContractorが、DAABの選任手続に関与できることが望ましいが、それが叶わない場合でも、信頼できるDAABメンバーを選任した上で、その先行する工事における仕事ぶりを、後の工事のContractorにオブザーバーとしてみてもらうことも考えられる。

このような配慮をした上で、共通のDAABを実現するのが望ましいことである。

5 仲　裁

(1) はじめに

本項では、FIDIC書式における紛争解決手続の最終局面である仲裁（arbitration）について取り扱う。日本語の「仲裁」は、もともと、「対立し争っている当事者の間に入り、双方を和解させること」を意味するが、法的手続であるarbitrationの訳語としての「仲裁」は、これとは異なる意味を持つ。

すなわち、法的手続としての「仲裁」は、当事者の合意に基づいて成り立つADRであり、決定権は公的機関ではなく当事者の選んだ第三者に委ねられるものの、手続の進め方は高度に体系化され、緻密な主張立証が求められる等、法と証拠によって紛争を解決する制度の一つとして確立している。もともとの日本語的意味の「仲裁」は、法的手続の中ではむしろ調停（mediation）に近いといえよう。

紛争解決の手段として仲裁を選ぶことの種々のメリットは既に広く知られているが、代表的な点としては、①決定権者の選任に当事者がコント

ロールを及ぼせること、②外国仲裁判断の承認及び執行に関する条約（通称ニューヨーク条約）加盟国における執行可能性があることが挙げられる。具体的には、相手方の国の裁判官ではなく中立の第三者を決定権者として選べるのみならず、必要な経験や知識、さらには他の仲裁人に対する説得力を有していると思われる者を指名することができる（これに対し、訴訟では当事者が裁判官を選ぶことはできず、場合によっては、類似の事案を扱った経験がほとんどない裁判官に当たることもあり得る）。また、自らに有利な判断を得ても、相手方が任意に履行するとは限らないため、執行力のある形で判断を得ることが重要であるところ、仲裁判断は、ニューヨーク条約の加盟国においてであれば、その国の裁判所による判決と同様に執行することが可能である。現在、ニューヨーク条約の加盟国は170ヶ国を超え、仲裁判断の執行可能性は相当広範囲にわたる。

　前記のようなメリットから、国際取引において、仲裁は紛争解決手続としてもはや標準的な選択肢となっている。FIDIC書式を使用するような、国際的な建設プロジェクトも例外ではない。以下では、FIDIC書式における仲裁条項を取り上げたのち、建設紛争と仲裁について、実務的視点も交えて概説する。

(2)　FIDICの仲裁条項（21.6項）

a　仲裁手続の枠組み

21.6項は、FIDIC書式のもとでの仲裁手続の枠組みを次のとおり定めている。

- 当事者間の協議によって紛争が解決できず、Engineer（Silver BookではEmployer's Representative）による決定手続およびDAABの手続を経て、Notice of Dissatisfactionが出された場合（またはDAABの決定に当事者が従わなかった場合や、DAABが存在しない場合）には、当該紛争は国際仲裁により終局的に解決されるものとする。
- 当該仲裁には、国際商業会議所（ICC）の仲裁規則を適用する。
- 仲裁人の人数は1名または3名とし、ICC規則に従って選任する。
- 仲裁手続の言語は、契約において「ruling language」に指定さ

ている言語とする。
- 仲裁廷は、当該紛争に関連する、Engineer のいかなる指示や決定等（既に最終的なものとして拘束力を有している決定を除く）、および、DAAB のいかなる判断（既に最終的なものとして拘束力を有している判断を除く）についても、これを検討し、変更することができる。

仲裁条項の定め方については、一般に、紛争を仲裁に付託して終局的に解決するという当事者の合意が明確に示され、かつ、仲裁地や仲裁規則、仲裁人の選任方法等の要素が漏れなく定められているものがよい仲裁条項であるといわれている。21.6 項は、明確な仲裁合意を示しており、仲裁規則や仲裁人の選任方法、仲裁手続の言語を指定しているという点では望ましいものと評価できる。

ただし、仲裁地の定めはないため、追加で指定しておくことが推奨される。仲裁地がある国に決まるということは、その国の仲裁法が当該仲裁に適用され、かつ、その国の裁判所が、保全措置や仲裁判断の取消等を通じて、仲裁に対する一定の介入権を持つことを意味する。そうすると、仲裁地がどこであるかによって、仲裁手続の進めやすさや、最終的に仲裁判断が執行できるか否かが左右され得ることになる。加えて、相手方当事者の出身国裁判所での訴訟を契約上の紛争解決手段としなかったにもかかわらず、仲裁地が当該出身国となった場合には、結局その国の裁判所の介入を受けかねないといった問題も起き得る。よって、どこを仲裁地とすべきかについて当事者間で争いが生じやすくなるため、事前に適切な（仲裁に親和的である、洗練された仲裁法が存在する等の特徴を持つ）仲裁地を合意しておくことが重要である。

また、仲裁人の人数についても、「1 名または 3 名」と選択の余地がある定め方ではなく、1 名か 3 名のどちらかで合意するのが基本的には望ましい。大規模かつ複雑な契約であれば、紛争の規模も大きくなり、複雑化する傾向にあるため、3 名の合議体による判断を求めることに合理性を見出しやすい（仲裁人としても、大規模な紛争であればあるほど、単独で判断するのではなく、複数名での合議を経て判断するのが適当と考える傾向が強くなる）。もちろん、仲裁は当事者の合意に基づく手続であるから、実際に紛

争となった段階で、当該紛争の規模や性質に応じて仲裁人の人数を1名に変更する合意を行うことは可能である。この点、新興国の政府系Employerの中には、仲裁にかかるコストを節約しようとして、仲裁人の人数を1名にしたがる者も少なくない。Contractorとしては、いわれるままこれを受け入れるのではなく、当該紛争において1名の仲裁人に判断を委ねるのが本当に適切かを吟味することが重要である。

　b　付随的な定め

前記aの大枠に加え、21.6項は下記のような付随的な定めも含んでいる。

　　(a)　証拠に関する定め

- Engineer（Silver Bookでは、Employerを代理して行動したことのある個人）は、当該紛争に関するいかなる事項についても、仲裁において証言する資格を失うものではない。
- いずれの当事者も、DAABにおいて提出した主張・証拠や、Notice of Dissatisfactionを出すに当たって説明した不服理由を超えて主張立証を行うことを妨げられない。
- DAABの判断は、仲裁において証拠として提出することができる。

　　(b)　仲裁廷の判断に関する定め

- DAABの組成やDAABメンバーの選任に当たって、一方当事者が他方当事者に協力しなかったという事情があった場合には、仲裁廷は、仲裁費用に関する判断を行う際にこれを考慮することができる。
- 仲裁廷が、一方当事者から他方当事者への支払いを命じる判断を行った場合には、当該支払金額は、改めての支払証書や通知を要することなく、直ちに弁済期を迎える。

　　(c)　その他の定め

- 仲裁は、工事等が継続中であるか終了後であるかにかかわらず、提起することができる。
- 当事者、Engineer、およびDAABの義務は、工事等の継続中に仲裁が提起されたことを理由として変更されるものではない。

仲裁条項は当事者が自由にデザインできるため、このような付随的な定めを設けることも可能である。これらの定めがない場合でも、最低限必要

な要素が含まれていれば仲裁条項は機能し、また、証拠に関する実際の取扱い等が前記と異なるとも限らないが、当事者間の無用な争いを防ぐという点で、付随的な定めを設けることにも一定の意義は認められる。ただし、あまりに多くの付随的な定めを設けると、逆にその解釈をめぐって争いが生じる可能性もあるため、必要以上に規定を増やすことのないよう注意が必要である。

コラム　　　　交渉における優先順位付け

(1) 優先順位付けの必要性

　交渉は相手のあることであり、全てが自らの思いどおりになることは想定し難い。そこで、通常は譲歩が求められ、交渉をまとめるために、どの点を譲歩し、どの点を獲得するかの判断が必要になる。

　この判断の指標が、優先順位付けであり、優先順位が高い事項の獲得を狙い、その代わりに、優先順位が低い事項を譲歩することを志向するというのが、基本的な方向性となる。優先順位の付け方は、交渉の相手方と同じ部分もあるが、違う部分もあることが多い。違う部分は、交渉の成立を促進し得るものである。というのも、優先順位が高いものがそれぞれ異なるため、当事者双方がそれぞれに優先順位の高いものを取得するという着地が考えられるからである。

(2) 準拠法、仲裁地、仲裁機関、およびヒアリングの場所

　優先順位付けを考える題材として、準拠法、仲裁地、仲裁機関、およびヒアリングの場所が考えられる。いずれも、国際的な契約において一般的に定められる事項で、同時に交渉対象となることから、これらの間での優先順位付けが必要になりやすい。また、いずれについても選択肢が、①自国を主張する、②相手国を容認する、③第三国とする、という三つであるため、譲歩の有無が分かりやすい。

　序章において述べた、「実体」規定と、「手続」規定とを区分するという視点からすると、準拠法は「実体」規定の内容を決めるものである。他方、その他の仲裁地、仲裁機関、およびヒアリングの場所は、いずれも「手続」規定の内容となる。いずれを重視するべきかという点については、「実体」規定の方が、仲裁等における請求の成否を決める基準であるため、より重要と考えられるかもしれないが、企業間の契約の場合、「手続」規定の方が高い重要性を持つことが思いのほか多い。というのも、企業間の契約において

は、契約書の文言が尊重され、その規定内容どおりの法的効果が認められることが、準拠法を問わず、通常であるためである。

次に、「手続」規定の内容となる、仲裁地、仲裁機関およびヒアリングの場所の優先順位付けであるが、このうち明確な違いとして分かりやすいのは、ヒアリングの場所である。仲裁のメインイベントであるヒアリングがどこで行われるかという、物理的な場所の問題だからである。

これに対し仲裁地（seat）は、いわば仲裁手続の本籍地といい得るものである。仲裁地の仲裁法規が適用されることになり、仲裁判断の取消等の裁判所が関与する一定の手続は、仲裁地の裁判所において行われる。ただし、仲裁地が問題になるのは、仲裁判断の取消等の限られた場面であり、特に問題なく仲裁手続が進む限りは、仲裁地が重要な意味を持つことはあまりない。また、仲裁手続を尊重する国を仲裁地とする限りは、仲裁判断の取消等の限られた場面においても、仲裁地がどこかによって特段の差異が生じないとも考え得る。もっとも、仲裁手続を尊重するとは限らない国も存在し、そのような国を仲裁地とすることは、紛争を複雑化し、その解決を遠ざける危険がある。

なお、香港政府と中国最高人民法院は2019年および2020年に協定を交わしており、これに基づき、香港を仲裁地とする仲裁に関して、中国国内の各地方の中級人民法院において保全措置を申し立てたり、仲裁判断の執行を（香港裁判所に執行を求めるのと並行して）求めたりすることが可能となっている。これは中国関係の紛争につき香港を仲裁地とすることの、メリットといえる。

次に、仲裁機関も、ICC、LCIA、AAA、SIAC、HKIAC、JCAA等があるが、実際に判断をするのは仲裁機関ではなく、仲裁人である。したがって、当事者からすれば、仲裁機関がどこであるかよりも、仲裁人が誰であるかの方が、重要性が高い。

また、仲裁人の選定において、当事者間で合意ができなければ仲裁機関が選定することになるところ、仲裁機関によって、選定される仲裁人が大きく異なる訳でもない。いずれの仲裁機関も、仲裁人に関する情報を多く蓄積し、著名な仲裁人は共通して認識するところである。したがって、いずれの仲裁機関も、信頼性の高い仲裁人を選定しようとする結果、同じような仲裁人が選ばれやすいと考えられる。

もっとも、仲裁機関によっては規則や管理体制が十分ではない等の問題もあり得る。前記のような仲裁機関であれば問題ないものの、メジャーではない仲裁機関を選択することにはリスクがある。

準拠法、仲裁地、仲裁機関、およびヒアリングの場所の優先順位付け

> は、ケースバイケースであり、一般化することは困難であるものの、以上述べたことからすれば、状況によっては、ヒアリングの場所を日本とすることを優先することも、考え得ることである。一見したところ、この4項目の中では優先度が低く映るかもしれないが、実際に仲裁手続を進めてみると、ヒアリングの場所は、相応に意味があることである。

(3) 建設紛争の特色と仲裁への影響

民事紛争の中でも、建設分野における規模の大きい紛争が「建設紛争」あるいは「大規模プロジェクト紛争」として類型化され、他の紛争と区別されるのは、それに足りるだけの特色を備えているからであろう。もちろん、建設紛争と一口にいっても、具体的に問題となる論点は事案ごとに異なり、ケースバイケースの判断が求められる点においては他の紛争と変わりはない。しかしながら、多くの建設紛争に共通してみられる特色があることは、先例を通して広く認識されてきている。以下では、建設紛争の主な特色と、それが仲裁にどのような影響を及ぼし得ると一般に考えられているかを紹介する。

a 高度の技術性

建設紛争の最も分かりやすい特色は、高度に技術的で複雑な内容となることが多い点である[17]。例えば、Contractorによる工期延長や工事の変更に関する請求がEmployer側に認められず、紛争になったとき、場合によっては数十件以上の請求について仲裁廷が判断を下さなければならないことがある。そのような場合、各請求について事実関係を正確に把握し、論点を洗い出し、請求権の存否および請求額の妥当性を判断することは容易ではない。したがって、これを可能にするような手続的工夫が必要となる。一例としては、当事者が提出する通常の主張書面に加え、各請求の要点をまとめた表（Scott Schedule等と呼ばれるが、詳しくは後記(6)で取り扱う）を作成して手続を管理することが挙げられる。

---

[17] 2019年に、英国の大学であるQueen Mary University of Londonが、国際的な建設紛争について実施したアンケート調査では、回答者の73％が、国際建設仲裁の最も特徴的な要素として、事実および技術にまつわる複雑性を挙げた。

また、技術的な論点に関する当事者の主張立証や仲裁廷の判断を助けるため、多くの場合、専門家による分析が必要となる。専門家については、後記(7)で解説する。

　　b　随時対応の必要性
　建設契約の当事者間の紛争は、工事の進行中に随時発生するのが通常である。その中でも、工事等を先に進められるか否かにかかわる紛争は、後回しにはできず、その都度対応しなければならない。
　すなわち、例えば工期延長に関する紛争が解決できない場合は、やむなく工事等を先に進め、後から Delay Damages や prolongation costs の問題として解決することも選択肢としてはあり得る。これに対し、設計に問題があることが発覚し、どのように修正するべきかについて当事者間に技術的な争いがあるような場合、この紛争を後回しにして工事等を先に進めることは実際上できないと思われる。このような紛争を解決するのに、相当の時間と労力のかかる仲裁を逐一行うことは現実的でないため、DAAB のサポート（informal opinion を含む）や、独立専門家による決定（third-party determination 等と呼ばれる）等、仲裁以外の手段を利用することの重要性が増すと解される。また、既に当該プロジェクトに関する仲裁が係属している場合には、新たに仲裁を申し立てるのではなく、既に組成されている仲裁廷に対して暫定措置や一部判断等を求めることも検討に値する。

　　c　多数の関係者の存在
　大規模な建設プロジェクトには、Employer と Contractor 以外にも多くの関係者がいる。Subcontractor や調達にかかわるサプライヤーはその代表例であり、これらの関係者との間で紛争が起きることも珍しくない。同じプロジェクトに関する争いは、相互矛盾を防ぐためや、効率的な解決という観点から、一括して取り扱うのが基本的には望ましいため、それぞれの契約における仲裁条項を、少なくとも互換性のある形で定めておくことが重要となる。つまり、Employer と Contractor との間の主契約で、ICC 規則に基づく仲裁を定めるのであれば、Contractor と Subcontractor との間の下請契約でも、他の仲裁機関の規則ではなく、ICC 規則に基づ

く仲裁と定めておく等の考慮が必要である（このような考慮を行っても、複数当事者の紛争を一括して取り扱うことができるかはケースバイケースであるが、契約上の仲裁条項に互換性がなければ、詳細に検討するまでもなく、一括の取扱いは不可能という結論になる可能性が高い）。

　さらに、プロジェクトファイナンスを利用している案件では、レンダーの存在にも留意する必要がある。すなわち、Employer が Contractor を相手取って仲裁を提起するのに契約上レンダーの承諾が必要となることもあるし、その後もレンダーが仲裁戦略に意見することを希望する場合もある。これらはレンダーに対して仲裁に関する情報を共有できることが前提であるため、仲裁の秘密性との調整が必要となる。当該案件で適用される仲裁法および仲裁規則に基づいて、レンダーへの情報開示が仲裁における秘密保持義務違反とならないか確認し、違反となる疑いがある場合には、情報開示に対する相手方当事者の同意や仲裁廷の許可を得る等の手段を講じるのが望ましい。さらに、Employer および Contractor 間の契約書の仲裁条項において、レンダーへの情報開示が、仲裁に関するものを含めた秘密保持義務に抵触しないことを予め定めておけば、この点が問題になるリスクをより低減することができると考えられる。

　d　標準書式の利用

　大規模プロジェクトでは、FIDIC をはじめとした標準契約書式（またはこれを基にして作成されたカスタマイズの契約書）が使われることも多い。必然的に、これらの書式の解釈に関する裁判例が各国で蓄積されてきており、ある国においては特定の文言について確立した解釈が存在することもあり得る。例えば、建設紛争等を専門に取り扱う裁判所である Technology and Construction Court を擁する英国では、FIDIC や Institution of Civil Engineers（ICE）による書式の文言を解釈した判例が多くみられる。したがって、当事者としては、当該契約の準拠法のもとで確立した契約解釈がないか確認し、これと矛盾しないように主張を組み立てることが重要となる。なお、契約準拠法のもとで確立した契約解釈がない場合でも、他の国における確立した解釈が仲裁廷の検討を助ける証拠となる可能性はあるため、自らの解釈と整合する他の国での解釈を探すこ

とには一定の有用性がある。特に、準拠法がコモン・ロー系である場合には他のコモン・ロー系の国における解釈が、シビル・ロー系であれば他のシビル・ロー系の国における解釈が、仲裁廷に対して説得力を持つことはあり得る。

  e 分野固有の法令による制限

 契約自由の原則により、建設契約の紛争解決条項についても、基本的には当事者がその内容を自由に決定することができる。しかしながら、国によっては、建設分野に固有の法令が、この当事者の自由を制限していることがある。

 具体例としては、英国の Housing Grants Construction and Regeneration Act 1996 で導入された statutory adjudication が挙げられる。これは、Contractor のキャッシュフローを守ることを主目的として設けられた、支払い等に関する建設契約に基づく紛争を、原則として 28 日間という短期に解決するための手続である。そのスピード感ゆえに、「支払いが先、争うのは後（pay first, argue later）」等と表現されることもある。

 この手続によって下された決定は、訴訟や仲裁または当事者の合意によって変更されるまで有効となり、執行も可能である。そして、当事者はこの手続を契約によって排除することはできない。したがって、英国を建設現場とするプロジェクトにおいては、契約に仲裁合意があったとしても、Employer はそれを理由に Contractor による statutory adjudication の利用を阻むことはできない。現在では、英国以外にも、オーストラリア、ニュージーランド、シンガポール、マレーシア、アイルランド等で同様の制度が採用されており、このような国で建設を行う当事者は、当該制度の利用可能性があることを念頭に置いておくべきである。

 adjudicator の選任は、契約における当事者による指名や、専門の団体による指名等の方式で行われるが、いずれにしても、建設紛争専門の法廷弁護士やコンサルティングファームのパートナー等、極めて高度の専門知識を有する人物が選任される傾向にある。このような人物による判断への信頼度は高く、特に発祥の地である英国では、一般的には成功した制度と捉えられている。

(4) 建設紛争における仲裁人の選び方

前記(1)でも述べたとおり、紛争解決手続としての仲裁の大きな特徴の一つは、決定権者である仲裁人の選任に当事者がコントロールを及ぼせる点である。実際の選任方法は仲裁合意の内容によって異なり、当事者が希望する場合には仲裁機関に指名から選任まで委ねることも可能であるが、当事者が直接指名することも珍しくない（なお、後者の場合でも、正式に仲裁人としての業務を開始するための「選任」手続自体は、仲裁機関によって行われるのが一般的である）。特に、仲裁人の人数が3名となる場合には、仲裁人のうち少なくとも1名は各当事者が直接指名できるという方式が一般的である。そこで、以下では、建設紛争において当事者が仲裁人を指名する際の、主な考慮事項のいくつかを検討する。

a 建設分野に関する専門性

いかなる分野の紛争においても、当事者は、その分野に詳しい人物を仲裁人に指名したいと考える傾向にあるが、建設紛争はその傾向が特に顕著な分野の一つである。前述のとおり、建設紛争は高度に技術的な内容となることが多く、かつ、標準書式の解釈や、EOT等の建設分野に固有の論点が問題になりやすいため、この分野に明るい仲裁人を指名することが基本的には望ましい[18]。これは、最終的な仲裁判断の内容の合理性を確保するためだけでなく、後記(6)で述べるような、建設紛争ならではの手続的ツールの利用を含めた、仲裁手続の円滑な進行をはかるためにも重要である。

もちろん、どのような観点からの、どの程度の専門性が必要かは、個々の事案の内容に照らして戦略的に考えなければならない。例えば、建設契約に基づく紛争ではあっても、当該事案における主要な論点が、技術性よりもビジネス感覚に基づく判断を要求するものであるような場合、建設紛争の仲裁人として専門的に活動している独立仲裁人ではなく、建設紛争の経験も相応にあるが、他の分野の紛争も仲裁人または代理人として取り

---

[18] 前記の Queen Mary University of London によるアンケート調査でも、回答者の76％が、仲裁人の選任に際して、建設関連のことおよび技術的なことについての経験を重視すると答えた。

扱っている、大手法律事務所の弁護士の指名が検討されることも想定し得る[19]。逆に、極めて技術性の高い事案においては、工学を専門的に修めた法廷弁護士等、法律以外の学問的・実務的バックグラウンドを考慮した上での指名が考えられる。さらにいえば、法律家ではなく、建築設計やエンジニアリングの専門知識を有する人物が仲裁人として指名されることも想定し得る。実際に、法曹資格を持っていなくとも、建設紛争の仲裁人やDAABのメンバーとして活動している建築家やエンジニアリングの専門家は一定数存在し、事案の内容によっては有力な候補者となり得よう。

 b 関係地の法原則や商慣習に対する理解

 両当事者の出身国にかかわらず、契約準拠法がコモン・ロー系であった場合にはコモン・ローの、シビル・ロー系であった場合にはシビル・ローの法原則に一定の理解がある（すなわち、当該法原則に基づいた当事者の主張立証を的確に整理できる）と思われる人物を指名することが原則として望ましい。また、契約準拠法のみならず、Siteのある国や各当事者の出身国、下請業者やレンダー等との間の契約準拠法国等、関係地における法が事案の解決に関連し得るときは、当該法の属する法体系も考慮に入れることが望ましい場合もある。

 注意が必要なのは、そのような人物を指名することと、関係地法のもとでの法曹資格を持った人物を指名することとは区別すべきという点である。事案によっては、後者のような指名を行うことが戦略上適切である場合も考えられるが（例えば、英国法準拠の契約で、主要な争点について英国法上確立した解釈がある場合、当該解釈が確実に採用されることを望む当事者が、英国のQueen's / King's Counselを仲裁人に指名するような場合）、逆に、関係地法に関する詳細な予備知識のない仲裁人に柔軟な判断を求めることが戦略的に望ましい場合もあり得る。したがって、自らの指名する仲裁人に求める理解度は、事案ごとに判断すべきである。なお、法律家でない人物を指名する場合、この点は直接の考慮事項とはならない可能性が高いも

---

19) 前記のアンケート調査では、回答者の60％が、仲裁人の選任に際し、法的専門性と技術的専門性のバランスを重視すると答えた。

のの、法的論点についても積極的に検討する意欲があると思われる人物を指名すべきであることは、いうまでもない。

さらに、関係地における商慣習が当事者の行動に実質的な影響を与えている事案においては、かかる商慣習に馴染みのある人物を指名することが戦略上有利と考えられる場合もある。例えば、当事者が、Site のある国での商慣習を根拠の一つとして自らの行動が不合理でないことを説明しようとする場合、当該商慣習に馴染みのある仲裁人がいれば、より実感を持って説明を理解してもらえる可能性がある、といったような発想である。

　　c　当該事案で問題となる論点に関する見解

前述のとおり、建設紛争においては、標準書式の解釈や EOT 等の論点が問題になりやすいところ、これらの典型的な論点については、数多くの文献や講演が存在する。そのため、当事者としては、自らの主張と整合する見解を示している筆者や講演者をみつけて、仲裁人に指名したいと考えるかもしれない。このようなアプローチは、それ自体として禁止されているわけではないものの、慎重な考慮が必要である。というのも、当該事案で問題となっている具体的な論点について、一方当事者の主張と非常に近い見解を有する仲裁人が選任された場合、相手方当事者が「仲裁人としての中立性に欠ける」として、当該仲裁人の忌避を求める可能性があるからである（逆もまたしかりであり、一方当事者の主張を否定するような見解を有している仲裁人が選任された場合、当該当事者が忌避を求める可能性がある）。仲裁人の忌避申立てが認められるか否かは、ケースバイケースの判断となるが、最終的に申立てが退けられた場合でも、仲裁手続全体の進行は遅れることとなる。また、忌避申立てについての結論を待たずに、当該仲裁人が自発的に辞任してしまい、新たな仲裁人を選任する必要が生じることもあり得る。したがって、仲裁人候補者の見解が、一般論のレベルを超えて、いずれかの当事者の主張と具体的に整合する、または衝突する場合には、少なくとも忌避のリスクを抑えるという観点からは、当該候補者の指名は控えた方がよいといえよう。

なお、仲裁人として指名を検討している候補者が、文献や講演において、自らの主張と矛盾する見解を示していないかチェックすることは、有用と

なり得る。前記のような忌避のリスクに鑑みれば、文献等を用いての事前調査は、むしろ、こうしたネガティブチェックの視点で行うのを基本と考えるのが賢明であろう。

　　　d　当該事案に割ける時間の多寡
　大規模プロジェクトに関する紛争は、それ自体が大規模かつ複雑なものとなりやすく、また、プロジェクトの途中で紛争が発生した場合、タイムリーに対応する必要が生じ得ることは、前述したとおりである。したがって、仲裁人には、これに対応できるだけの時間的余裕を確保してもらう必要があり、あまりにも忙しすぎる仲裁人を指名することには慎重になるべきである。特定の候補者の繁忙状況を当事者が正確に把握することは難しいが、候補者の詳細なプロフィールを確認し、仲裁人として紛争解決手続に携わる以外の活動がどの程度ありそうか検討すべきであるし（例えば、大手法律事務所の弁護士の場合、代理人としての活動がどれほど忙しそうか）、また、指名を打診する際には、本人にも繁忙状況を問い合わせるべきである。

　　　e　その他
　前記のほかに、仲裁人のネームバリューや居住地等、副次的な考慮要素も存在する（高名な仲裁人は他の仲裁人に対する影響力を持つと期待できる、当事者および代理人の居住地と時差の少ない場所に居住している仲裁人の方が連絡を取りやすいと思われる、等といった発想である）。これらの要素は、仲裁人の候補者を検討する際、最初にみるべき点とはなりにくいものの、最終的に残った候補者について、他の要素においては大きな差がないような場合には、決め手となることもあり得る。

(5)　仲裁手続の流れ
　大規模プロジェクトに関する当事者間の請求は得てして多数にのぼり、事実関係も複雑になりがちであるため、当該事案について当事者および仲裁廷が正確な認識を共通にすることは至難の業である。それゆえ、建設紛争の仲裁においては、これを助けるための手続的ツールが考案されてきた。また、建設現場や資材、設備等に関する技術的な問題が争点となりや

すいため、仲裁廷の検討を助けるべく、実際の現場や資材を用いた検証手続等が行われることもある。こうした建設紛争における特徴的な手続の内容については後述するが、その前提として、一般的な仲裁手続の流れをここで紹介しておく。

　仲裁手続の進め方は、当事者が個別の合意によって決定することも可能であるが、通常は、仲裁合意に基づいて適用される仲裁法および仲裁機関の規則に従って決定される。そして、多くの仲裁法および仲裁規則のもとでは、手続の進め方に関する広い裁量が仲裁廷に与えられている。したがって、特定の事案においてどのように手続を進めるかは、原則として仲裁廷次第であるが、実務上は、概ね次のような手順を踏むのが一般的である（括弧内は各手順の典型的な呼称を示す）。

① 申立人が仲裁申立書（Request for Arbitration または Notice of Arbitration）を提出
② 被申立人が答弁書（Answer または Response）を提出
③ 仲裁廷の組成（仲裁人の人数が3名である場合は、①②において各当事者が1名ずつ指名し、その後3人目となる仲裁廷の長が、当事者または仲裁人2名による合意や、仲裁機関の裁量等によって指名・選任されるのが典型的な方法である）
④ 仲裁手続の詳細（例えば書面の提出方法、文書開示手続の有無および具体的な行い方等）に関する当事者および仲裁廷による会議（Case Management Conference。Procedural Hearing または Preliminary Hearing と呼ぶこともある）、手続日程（Procedural Timetable）の決定
⑤ 申立人が第一準備書面（Statement of Claim）および専門家意見書を提出
⑥ 被申立人が第一準備書面（Statement of Defence）および専門家意見書を提出
⑦ 文書開示手続
⑧ 申立人が第二準備書面（Reply）および補充専門家意見書を提出
⑨ 被申立人が第二準備書面（Rejoinder）および補充専門家意見書を

提出
⑩　証人尋問を含む口頭審理（Hearing）
⑪　仲裁廷が指示した場合、各当事者が補充書面を提出
⑫　仲裁判断

　前記のほかにも、専門家証人がいることによる特殊な手続（詳しくは後の項目で扱うが、両当事者が選任した専門家証人同士のミーティング等）が行われることもある。なお、前記⑤⑥⑧⑨で言及している専門家意見書については、仲裁の申立人が Contractor と Employer のいずれであるか、また当事者の主張の内容等によって、提出の要否や回数、およびタイミングが変わり得る。

　これらの手順を全て終えるのに必要な時間も事案によって変わるが、最短でも1年～2年半程度はかかると考えておくのが妥当であろう。

(6) 建設紛争に特徴的な手続上のアレンジ
a　主張書面や証拠以外の書面の利用

　前記(5)のとおり、仲裁手続においては、各当事者が数回ずつ書面および証拠を提出し、主張立証を行うのが通常である。その過程で、当事者は、自らの主張を詳細に説明し、相手方の主張にも精緻な反論を行うこととなるが、大規模かつ複雑な建設紛争においては、主張書面と証拠のみに基づいて両当事者の主張内容を正確に把握することは極めて難しい。そこで、必要に応じて、以下のような補助的な書面が利用されるようになった。

(a)　関係者一覧表および用語表

　当該事案に関係している個人や団体の名前、役職、プロジェクトにおける位置付け等をまとめた表、および、頻出する用語の意味、略し方等をまとめた表。多数の関係者が存在したり、技術的な用語や当該プロジェクトに固有の用語が頻繁に使われたりする場合に有用である。

(b)　時系列表

　事実関係を時系列に沿って整理した表。典型的には、ある事象が起きた日付、当該事象の内容、その裏付けとなる証拠を記載する。これにより、個別の事象に関する争いの有無（例えば、Contractor から Employer への

通知等の特定の事象が実際に起きたか否か、起きたとしてその具体的な内容は何か等について当事者間に争いがあるかどうか）、裏付けとなる証拠の存否等が明らかとなり、仲裁廷が決定を下す必要のある事項がより明確になることが期待される。なお、プロジェクトによっては、紛争の有無にかかわらず、最初からEmployer、ContractorおよびEngineerの共同作業により、このような記録を取っていることもある。その記録は、Tracking Table of IssuesまたはMatters of Concern等と呼ばれている。

時系列表は、関係者一覧表および用語表とともに、両当事者が合意したバージョンを提出するよう仲裁廷から求められることもある。通常、各当事者の事実認識は多かれ少なかれ食い違っており、合意できる範囲は限定されるため、合意したバージョンとは別に、各当事者が自らの認識に基づいた時系列表を提出することも珍しくない。

　　(c)　Scott Schedule

当事者の各請求につき、その内容（金額を含む）や相手方当事者の反論、それに対する再反論等の情報を簡潔に記した表。英国の裁判実務において発展した手法であり、「Scott Schedule」という呼称で知られている。多数の請求が行われている事案において、各請求の状況を把握するのに有用であり、典型的には両当事者が合同で作成する。例えば、まずは仲裁の申立人が自らの請求の情報をまとめ、次に被申立人がこれに対する反論とその根拠をまとめ、さらに申立人が再反論をまとめるといった手順が踏まれる。両当事者による作成作業の過程で、相手方当事者の主張に対する誤解がとけたり、金額の小さな費目を請求から除外したりすることが可能になることもある。こうしたメリットから、紛争における判断権者、特にDAABメンバーがScott Scheduleの利用に積極的であるケースもみられる。

Scott Scheduleには、固定の様式は存在しないものの、下記の例のようなまとめ方をされることが多い。

請求	請求の根拠	反論	反論の根拠
○年○月～○月の工期遅延に関する請求（契約○条の違反）	○年○月～○月に提出した図面のレビュー遅延（コメント受領記録、○氏の陳述書○項）	請求は認められない。レビュー期間は契約上定められており、これを徒過した事実はない。	契約の付属書面においてレビュー期間が設定されている（Employer's Requirements ○条、○氏の陳述書○項）。
再反論	再反論の根拠	請求金額	金額の根拠
レビュー期間は別途の合意にて短縮された。	○月○日の定例会議においてレビュー期間の短縮が合意された（同会議の議事録、○氏の陳述書○項）。	○百万米ドル	Site 維持費○米ドル 本社コスト○米ドル 機械レンタル費用○米ドル （損害に関する専門家意見書○項）

b 検証および Site 訪問

　建設紛争においては、Contractor の行った作業やその成果物に欠陥があるか否かが争点となることも多い。その際、当事者の主張立証に加えて、中立的な視点からの検証（仲裁廷が依頼する専門家が行う検証や、各当事者が依頼した専門家が共同して行う検証等）が必要と判断される場合もある。こうした場合、仲裁廷は、かかる検証の必要性について両当事者の理解を求め、実施条件についての合意を得て検証手続を行うのが通常である。検証対象物を当事者以外の者（例えば Subcontractor）が占有していることもあり得るため、実施条件を合意するに当たっては、当該占有者の利益を害しないように配慮することも重要である。

　また、建設現場（Site）やそこにある資材、設備等の状態が争点となることも珍しくないため、仲裁人が実際に Site を訪問する手続が仲裁係属中に行われることもある。具体的なタイミングや方法は、個々の事案ごとに検討されるべきであるが、効率的な紛争解決の観点から、両当事者が実質的な主張立証を少なくとも1回ずつは行った後、かつ、ヒアリングより

前に行われるのが一般的である。仲裁廷が3名の仲裁人で構成されている場合、全員でのSite訪問は費用がかさむため、両当事者および仲裁廷の合意により、1名の仲裁人が仲裁廷を代表して訪問するという形を取ることも可能である。さらに、合意があれば、当事者の代表者、代理人および専門家証人を参加させることも可能であるが、仲裁廷に予断を抱かせることを防ぐため、Site訪問中に仲裁廷がこれらの参加者とコミュニケーションを取れる内容や程度については、事前に取り決めておくことが望ましい。

(7) 建設紛争における専門家

複雑かつ高度に技術的な内容となりがちな建設紛争においては、多くの場合、代理人弁護士の助力だけでなく、専門家の知見が必要とされる。これは、当事者の権利義務の存否やその範囲といった法的解釈の問題が、当該プロジェクトの工程や設計、施工方法等の技術的な問題と密接に関連していることが多いためである。

一口に「専門家」といっても、工期遅延の分析の専門家、損害分析の専門家、技術的な問題の専門家、適用法令の専門家等、その種類は様々であり、また、選任主体が誰であるか、どの段階で選任されるか等によって、専門家の役割は変わり得る。以下では、建設紛争における専門家の代表的な役割や、その選任に当たって留意すべき点等について述べる。

 a 専門家の種類

前記のとおり、建設紛争の分野には、様々な種類の専門家が存在する。そして、どのような専門家の知見を求めるのが適切かは、事案の内容によって変わり得る。例えば、工期延長や、遅延に起因する損害等が問題となる典型的な紛争においては、工期遅延の分析の専門家、および、損害分析の専門家を起用するのが通常である。

工期遅延の分析の専門家は、一般にdelay expertと呼ばれ、主に、工程解析を行い、遅延の原因となった事象に紐づく遅延日数を算出することを専門とする。delay expertによる分析結果は、ContractorによるEOT請求の妥当性を判断する際等に参考とされる。

損害分析の専門家は、一般に quantum expert と呼ばれ、追加費用や契約違反に伴う損害等、ある事象が原因で発生したと考えられる金銭負担の額を算出することを専門とする。quantum expert による分析結果は、Contractor が prolongation costs や工事変更に伴う追加費用等として請求している金額の妥当性を判断する際等に参考とされる。

　このほかにも、事案によっては、特定の技術的な問題の専門家が起用されることがあり、代表例としては地質の専門家（geotechnical expert）が挙げられる。例えば、Contractor が FIDIC の 4.12 項に基づき、「予想不可能な物理的条件（Unforeseeable Physical Conditions）」が原因で遅延や追加費用の負担が発生したとして、工期の延長や費用支払いを Employer に求めた場合、当該物理的条件が真に予想不可能であったか、また、それが原因で工事に悪影響が生じたといえるか等を検証するために、geotechnical expert が起用されることが考えられる。

　さらには、契約準拠法や、Site のある国の法律の専門家の意見が必要となる場合もあるが、この点は、建設紛争以外にも共通し得るところである。

b　専門家の役割

　専門家の役割は、当然のことながら、専門的知見を提供することであるが、その提供の仕方にはバラエティーがある。ある専門家の具体的な役割は各事案で異なるものの、大要、以下のように分類できると思われる。

(a)　独立専門家（independent expert）としての役割

　DAAB による判断を求める手続や、仲裁手続において、独立専門家による専門家意見書（(independent) expert report, (independent) expert opinion）という形で、当該事案の事実関係や当事者双方の主張を踏まえた分析結果を報告するというやり方である。こうした独立専門家は、多くの場合、手続の各当事者が別々に選任し、それぞれの専門家が意見書を提出する。必要に応じ、相手方当事者の選任した専門家による意見書に応答するための補足意見書を提出することもある。また、これらの専門家は、DAAB や仲裁における口頭審理手続であるヒアリングにおいて、意見書に基づく証言を行うことも珍しくない。最終的な判断権を持つのは仲裁廷

であり、専門家の意見を考慮に入れることは必須ではないが、実務的には、説得力のある意見が仲裁廷から無視されることは考えにくい。

　独立専門家は、あくまで当事者から独立している（すなわち、当該案件の当事者と特段の利害関係がない）ことが前提であり、代理人ではないため、ことさらに自らを選任した当事者の立場を擁護する目的で意見を述べることは想定されていない。しかしながら、当事者としても、自らの立場から大きく乖離する意見を述べるような専門家は選任しないため、結果的に、各当事者の選任した専門家の意見が根本から食い違ってしまうことがある。その場合、必ずしも専門家と同程度の知識を有するわけではない判断権者が、全く異なる専門家意見のうちどちらが正しいのかを判断する必要に迫られることとなり、紛争の効率的解決という観点からは望ましくない。

　このような事態を防ぐため、DAABや仲裁廷が、各当事者の選任した専門家同士のミーティングを通じ、プロジェクトの事実関係や分析方法等、合意できるところがあるか否か探るよう促すこともある。例えば、delay expert同士の場合は、特に当事者間で意見の異なりやすい工期遅延の分析方法論が、こうしたミーティングにおける議題に含められやすい。geotechnical expert同士の場合には、地質条件について、入札当時の条件から変化していないと認められる範囲を合意しようと試みることがある。ミーティングの結果、合意が成立した場合には、共同意見書（joint statement）という形で専門家同士の合意内容が明らかにされるのが一般的である。

　前記にかかわらず、仲裁廷が、当事者の選任した専門家による意見のみでは不十分と考えて、別途、仲裁廷付の専門家を選任する場合もある。かかる仲裁廷付の専門家の役割も、事案によって変わり得るものの、基本的には、当事者の選任した専門家間の意見の相違や、各専門家による分析結果を、第三者的視点から評価することにより、仲裁廷の判断を助けることが期待されている。

　(b)　当事者の一方の立場に立って、相手方当事者への請求をサポートする（claim consultantとしての）役割

　大規模プロジェクトにおいては、紛争の前段階において、当事者（特に

Contractor)が自らの請求を相手方に提出するに当たり、専門家による精緻化を試みることは珍しくない。この段階では、専門家は claim consultant として起用されるのが通常であり、その主要な役割は、当該請求につき、選任当事者にとって可能な限り有利な結論を導くことである。必然的に、当事者からの独立性は低くなるため、claim consultant による成果物を、のちに DAAB による判断手続や仲裁において提出する専門家意見書として再利用することはできないのが通常である。

　ただし、必ずしも claim consultant が紛争解決手続の段階で何らの役割も担わないわけではなく、独立専門家に対する情報提供という形で（例えば、請求の精緻化に際して検討した資料を共有したり、自らの考え方を説明したりする）サポートを続けることはあり得る。

(c)　当事者が専門家を選任する際の留意点

　いうまでもなく、claim consultant として起用するか、独立専門家として起用するかにかかわらず、当該専門家の能力や経験が案件の内容に適しているかを確認することは重要である。そして、通常、専門家は一人で分析作業を行うのではなく、チームで仕事をするため、意見書に署名する専門家個人のみならず、チーム全体の能力や経験を考慮する必要がある。この点を見極めるため、専門家の起用前に、当事者および代理人による候補者のインタビューを行うことが有用な場合もある。

　さらに、独立専門家として起用する場合、当事者からの独立性を疑われるような専門家を選任することは避けるべきである。例えば、ある当事者が、過去に何度も同じ専門家を起用していた場合、相手方当事者から、「専門家は当該当事者と癒着している」等と主張されることが考えられる。もちろん、同じ当事者に複数回用されても、専門家が独立性を保つことは可能であるが、DAAB や仲裁廷の心証に悪影響を及ぼすリスクを避けるためには、あまり頻繁に同じ専門家を起用することは控えるのが賢明であろう。

コラム　　仲裁の実務と当事者の心構え

(1) はじめに

ここでは、コラムとして、国際仲裁という紛争解決手続そのものの実態や、これを利用する上での当事者の心構えに触れたいと思う。

国際仲裁は、国際取引に関する紛争解決手続として非常にポピュラーな選択肢であり、日本企業も、国外の相手方との契約には、仲裁条項を設けている場合が多い。とはいえ、日本国内の訴訟に比べれば、日本企業が国際仲裁を経験した回数はまだ少なく、企業内の配置転換もあるため、担当者にとっては目の前の案件が初めての国際仲裁であることも珍しくないであろう。本コラムが、そのような担当者諸氏にとって、国際仲裁における「サプライズ」を緩和する一助となれば幸甚である。

(2) 国際仲裁のスケジュール

本章5(5)で、仲裁手続における全ての手順を終えるのに必要な時間は、事案によるものの、最短でも1年〜2年半程度はかかると考えるのが妥当と述べたが、各手順をいつまでに終えるかという具体的なスケジュールは、手続の序盤に決定されるのが通常である。すなわち、当事者および仲裁廷が初めて一堂に会し、手続的な論点について議論するCase Management Conference（対面または電話・ビデオ会議の形式で行われる）とほぼ同時期に、Procedural Timetableと呼ばれる日程表が作成され、当事者による主張書面の提出期限や、文書開示手続の有無および開示要請や文書開示の期限が決定される。ただし、口頭審理であるヒアリングの日程は、初めに大体の時期だけ決めておき、尋問の必要がある証人の人数等が判明した後で具体的な日程を決定する場合も多い。また、仲裁廷が仲裁判断を下す日付は、日程表には組み込まれず、基本的には仲裁廷の裁量に委ねられる（もっとも、迅速な解決を促進すべく、仲裁規則において仲裁判断までの目安の期間が設けられていることもある）。

日本国内の訴訟では、手続全体の日程を序盤で決めることはせず、第1回口頭弁論の後は、約1〜2ヶ月ごとに、裁判所の指定した論点に関する書面を各当事者が交代で提出し、全ての主張が出そろったと裁判所が判断した段階で、証人尋問の期日が決定されるのが一般的である。つまり、国内訴訟では、いつ書面のやり取りが終わるかは裁判所次第であり、その意味では、仲裁の方が予測可能性はあるといえる。また、仲裁における書面のやり取りのスパンは、（全ての論点に関する主張を一度に行う必要があるため）少なくとも数ヶ月単位であることが多く、国内訴訟よりも比較的長い準備期間が織

り込まれる傾向にある。

しかしながら、国内訴訟より国際仲裁の方が常にスケジュールに余裕があるわけではないことには、注意が必要である。というのも、仲裁手続は普通、数年単位で続くため、その途中で事態が変動し、当該紛争の主論点とは別の点について仲裁廷の判断を求める必要が生じることもある。相手方が仲裁合意を無視して国内訴訟を起こした場合に、その差止を求める等の暫定措置（interim reliefまたはinterim measures）の申立てや、相手方の財務状況が急激に悪化する等して、仲裁費用を支払わない懸念が生じた場合の担保金（security for costs）拠出命令の申立て等はその例である。こうした申立ては、手続日程表に組み込まれた手順とは無関係に行われるものであり、一般に、unscheduled application等と呼ばれている。かかる申立てに関する判断は、相手方当事者の反論（および、場合によっては申立当事者の再反論や相手方の再々反論）も踏まえて行われるのが通常であるが、いずれにしても、数週間以内には決着することが前提となるため、スピード感のあるスケジュールとなり、当事者双方に迅速な対応が求められる。このような場合、両者の担当者としては、代理人弁護士と密に連携し、かつ、提出書面や証拠についての社内確認に要する時間をできるだけ短縮するように動くことが肝要となる。

(3) 仲裁人の「心証」

国内訴訟でも国際仲裁でも、判断権者の「心証」に悪影響を与えないような手続追行が重要であることに変わりはないが、日本の国内訴訟との対比では、国際仲裁の方が、判断権者の「心証」、すなわち仲裁人の感じたことが当事者の請求に対する判断にも反映されやすいように思われる。これは、仲裁には原則として上訴がなく、先例拘束性もないため、他者の意見との整合性よりも、当該事案においての判断権者である仲裁人自身の考えや、当事者に対する感じ方が前面に出やすいからではないかと推察される。また、日本では、「代理人弁護士の能力（当事者を適切にコントロールする能力を含む）等によって、結論が変わるのはよくない」と考える傾向にあるといったような、文化的な違いも影響しているように思われる。

仲裁人の「心証」といっても、その具体的な内容は様々であるが、当事者としては、少なくとも、自らが「合理的な当事者」であることを仲裁人に印象付ける努力は怠るべきでない。仲裁廷からの指示に誠実に従う（求められた情報・説明の提供や、前記で言及した書類提出期限の遵守等）のはもちろんのこと、相手方当事者からの要請に対しても、受け入れ可能な範囲で真摯に対応するのが望ましい。例えば、既に当事者同士

でやり取りした情報であっても、相手方代理人から改めて提供の要請があれば、以前に提供した情報であることは指摘しつつも、再度提供するのが基本的には望ましい。

　当然のことながら、自らが「合理的な当事者」であると印象付けることができたとしても、それだけで請求が認められるというわけではない。しかし、「合理的な当事者は、軽率に不当な請求をしたり、相手方の正当な請求を拒否したりしない」というのが常識的な見方であり、仲裁廷にそのような見方をしてもらうことは、主張立証を行うに当たっての大事な前提である。逆にいえば、当事者として不合理な振る舞いをしていると、新たな請求の追加や、請求内容の変更の必要が生じた場合でも、そのような請求は「真摯でない(frivolous)」のではないかとの疑念を仲裁廷に抱かせるおそれがある。

　これは、紛争の本体部分をなす請求だけでなく、前記の unscheduled application や、より細かな手続的な動き（例えば書面提出期限の延長等）にも当てはまる。つまり、「この当事者は合理的であるから、相手方への嫌がらせや、手続の進捗妨害等の目的で、申立てを行うことはないだろう」と考えてもらえるようにするということである。裏を返せば、不合理な当事者であるとの心証を抱かれてしまうと、本当に必要な手続的命令が得られなくなるリスクが生じる。期限の延長を例に取れば、書面の提出や仲裁廷への回答の期限の延長を何度も求めると、不合理な当事者であるとの心証を抱かせ、いずれ一切の延長が認められなくなる可能性が考えられるということである。

(4)　文書開示手続

　国際仲裁における文書開示手続とは、一般に、相手方が保有している文書のうち、当該紛争に関連性があり、かつ、仲裁廷が判断を下す上で重要なものの提出を求める手続を指す。この手続の結果、仲裁廷からある種類の文書の提出命令を受けたにもかかわらず提出を拒んだ場合には、当該文書に関して、提出を拒否した当事者に不利な推定がなされることがある。例えば、工期遅延について Contractor と Subcontractor の間で交わされたメールを提出するよう命令が下されたにもかかわらず、Contractor が提出を拒んだ場合、当該メールには、工期遅延につき Contractor に不利な内容が含まれていたと推定される可能性がある。

　日本の民事訴訟でも、文書提出命令という手続は存在し、一定の場合には相手方当事者（または訴外の第三者）の文書提出義務が認められている（民事訴訟法 220 条以下。224 条 1 項において、前記の不利な推定と類似の効果も認められている。）。ただし、日本の民事訴訟においては、文書提出命令が下される場面は

多くない。むしろ、他の証拠から証明可能である、相手方の保有する文書の内容等を確度をもって特定できない等の理由により、裁判所の命令が得られないこともよくある。したがって、原則的には、国際仲裁において開示を求められる文書の範囲は、日本国内の訴訟で提出を求められる文書の範囲に比べて、相当程度広いといえる。

　この違いは、特に、当事者の内部文書（例えば担当者からの報告メールや稟議書等）との関係で顕著である。日本の民事訴訟では、かかる内部文書は、「自己利用文書（民事訴訟法220条4号ニ）」として、文書提出義務の例外に当たり得ると考えられている。しかし、国際仲裁での文書開示手続において重要なのは、あくまで「関連性」と「重要性」であり、当事者が内部で利用する目的で作成した文書であるか否かという点自体は、開示の要否に直接の影響を及ぼさない。したがって、当事者は、内部文書でも、開示の対象に含まれ得ることを認識しておく必要がある（ただし、企業秘密や秘匿特権対象の記載については、黒塗りすることが認められる場合がほとんどである）。

　実際の案件においては、内部文書を開示することにつき、非常に強い抵抗感を覚える当事者もいる。そのような当事者の視点からは、当該内部文書を開示しないことで、敗訴の可能性が濃厚となるかが関心事項となることもあろう。ある特定の文書を開示することの意義は、事案によって異なるものの、基本的には、仲裁廷が開示を命じた文書、または、開示を命じる可能性が高いと思われる文書については、内部文書であるか否かを問わず、開示することが望ましい。これは、当該文書に関する不利な推定という個別の問題のみならず、前述した仲裁人の「心証」全般とかかわることである。仲裁人は、ある一つの事象のみに基づいて「心証」を形成することは考えにくいものの、当事者の一連の行動に基づいて「心証」を形成することは十分あり得る。したがって、本来ならば開示対象となるべき文書の開示を、内部文書であるという理由だけで拒否した場合、不合理な当事者であるとの心証形成の材料となることは否定できず、さらに、それが最終的な仲裁判断に影響する可能性も否定できない。

(5)　ヒアリングに関する実務

　証人尋問を含む口頭審理が行われるヒアリングは、国際仲裁事件におけるハイライトである。審理の終盤で証人尋問が行われる点は、国内の訴訟事件とも共通しているが、国際仲裁のヒアリングには、国内訴訟の証人尋問期日にはみられない特徴がある。

　　a　日　程

　まず、日程の組み方が、通常の国内訴訟の証人尋問期日とは大きく異

なる。ヒアリングには、事実証人の尋問のみならず、各当事者の代理人による冒頭陳述（opening submissions）、専門家証人の尋問、必要に応じて各当事者代理人による最終陳述（closing submissions）も含まれ、これら全てを集中的に行うべく、1〜2週間程度の期間を確保する。これに対し、日本の民事訴訟では、よほどの大型事件でない限り、半日〜数日で証人尋問は終了し、代理人による最終弁論は、最終準備書面に委ねられる。なお、国際仲裁でも、事案によっては、ヒアリングの後、さらに最終準備書面（post-hearing submissions）の提出が求められることもある。

b　通訳の利用

国内訴訟でも、証人が日本語話者でない場合は通訳を介して証言するが、通訳者を手配するのは裁判所である。国際仲裁では、仲裁の言語（英語であることが多い）を母語としない証人のための通訳者は、原則として当事者が手配する。したがって、国際仲裁のヒアリングに向けた準備においては、信頼のおける通訳者を確保することも重要となる。

興味深いことに、証人に仲裁の言語の心得があるとしても、母語と同程度に話せるのでなければ、通訳を利用するのが一般的である。これは、訴訟においても仲裁においても共通であるが、証人にとって、通訳を利用するメリットが多いためであると思われる。すなわち、例えば英語での反対尋問にそのまま英語で回答していると、相手方代理人のペースに乗せられやすく、不用意な発言にもつながりやすい。通訳を挟むことで、相手方代理人の挑発的な質問にも一呼吸置いてから対応することが可能になり、また、どう答えるべきかを落ち着いて考える余裕も生まれ得る。

仲裁で通訳を利用する場合には、証人尋問のリハーサルを行う際、通訳者にも参加してもらうことが重要である。これは、通訳者が、当該証人の答え方の癖等を把握し、最適な訳し方を考えられるようにするためである。もちろん、通訳者にその能力が備わっていることが前提となるから、前記のとおり、信頼できる通訳者を確保することが重要なのである。

なお、証人尋問の前にリハーサルを行うのは、多くの国内訴訟でも同じであるが、日本の民事訴訟とは異なり、仲裁では代理人弁護士が証人に対して答え方を指南する（coachingと呼ばれる）ことが禁じられる場合もある。例えば、英国資格の法廷弁護士（barrister）は、証人にcoachingを行うことが禁止されている。国際仲裁において、当事者が、ヒアリングでの口頭弁論を任せるために英国のbarristerを雇うケースは時々みられるが、当該barrister本人によるcoachingが

不可能であることには留意すべきであろう。また、資格国によっては、事務弁護士（solicitor）でもcoachingが制限されることが考えられるので、事前の確認が必要となる。

　　c　ヒアリングの記録
　通常、国内訴訟の証人尋問は裁判所によって録音され、後日、これを反訳したものが尋問調書として事件記録に綴られる（それまでにかかる時間は、約1ヶ月が目安である）。当事者は、この尋問調書の謄写を申請し、ようやくこれを入手できることとなる。

　これに対し、国際仲裁のヒアリングでは、当事者の手配した速記サービス会社のスタッフ（court reporter）によって、手続の最中にリアルタイムで速記録が作られ、これを仲裁人や代理人がコンピューターの画面上で閲覧できるのが一般的である。また、その日の手続が全て終わった段階で、速記サービス会社が同日の速記録に目を通し、誤字や聞き取り漏れ等を直した上で、仲裁人および代理人に電子メールで送付する。つまり、その日のヒアリングの記録は、その日のうちに入手できるということである。代理人にとっては、翌日以降の準備に生かすことができ、かつ、その日までの弁論や尋問について「言った言わない」の無用な争いが生じることも避けられるため、有益なサービスである。

| コラム | 国際的な紛争解決における国家主権の壁 |

(1)　国家による紛争解決手続と、国家によらない紛争解決手続

　紛争解決手続には、国家によるものと、国家によらないものとがある。この差異が、後記(2)のとおり、国際的な紛争解決において、重要な意味を持ち得る。

　国家による紛争解決手続は、裁判所における訴訟等の紛争解決手続であり、司法権に基づくものである。司法権は、国家権力の重要な要素であり、日本の近代化の過程において列強との不平等条約改正が進められた際にも、日本の司法権に対する制限（領事裁判権）の解消が重要なテーマであった。

　一方、国家によらない紛争解決手続の代表は、仲裁である。これは、拘束力の根拠を、国家権力ではなく、当事者の合意（仲裁合意）に求めるものである。FIDICに規定されるDAABも、国家によらない紛争解決手続である。

　ただし、仲裁も、強制執行の段階になると、裁判所の手続に依拠する必要がある。例えば、企業Xが、企業Yに対して金銭を請求する仲裁を申し立て、勝訴した場合（申立

てを認容する仲裁判断を得た場合）、強制的に企業Yの資産を差し押さえるためには、その資産がある国の裁判所において、強制執行の手続を進める必要がある。

また、仲裁判断に基づく強制執行手続を円滑に進めるために締結された条約が、いわゆるニューヨーク条約、すなわち、外国仲裁判断の承認及び執行に関する条約である。この条約は加盟国数が170ヶ国超に達し、広く尊重されており、最も成功した条約の一つといわれている。このニューヨーク条約の支えのもとで、国際的な紛争解決において、仲裁が広く用いられている。

紛争解決手続については、判断を得る段階と、得た判断に基づき強制執行を行う段階とを区分して考える視点が有益であるところ、国家による紛争解決手続と、国家によらない紛争解決手続との差異がみられるのは、このうち、判断を得る段階である。この段階では、以下に述べるとおり、国際的な紛争を解決する上での、有意な差がある。いずれも、国家による紛争解決手続について、国家主権の壁が問題となるため、国家によらない紛争解決手続が合理的と考えられる点である。

(2) 国家主権の壁が問題となる場面
　a　送達

国家による紛争解決手続である訴訟と、国家によらない紛争解決手続である仲裁との違いは、送達手続に表れる。訴訟の開始に当たり、訴状を海外の相手方当事者に送達する必要があるが、外交ルートを経る必要がある。例えば、日本の裁判所が、訴状を米国で送達することは、日本の司法権を米国で行使することになるため、国家主権の壁により許されない。そのため、外交ルートを経て、米国の協力のもとに、米国で送達をする必要がある。

その結果、訴訟では、海外での送達に時間を要することになる。米国であれば、数ヶ月で送達ができると期待できるが、国によっては、送達に1～2年程度を要することもある。

加えて、訴訟を提起し一審で勝訴判決を得たとしても、この判決をまた外交ルートを通じて送達する必要がある。この手続にも、国によっては、再度1～2年程度を要することになる。

これに対し仲裁であれば、申立書および仲裁判断の送達は、国境を越えるものであっても、電子メールないしインターネットを介して電子図書として行えるし、ハードコピーを送付する場合でもFedEx、DHL等により、ごく短時間のうちに行われる。国家主権の壁が、国家によらない紛争解決手続である仲裁では、問題にならないためである。

　b　オンライン手続

コロナ禍で、海外への移動が極めて困難であった時期、米国での重要訴訟のために、経営トップが日本か

らオンラインで証言することができないかと、相談を受けたことがある。これが許容されないというのが、国家主権および日米領事条約のもとでのルールである。米国の司法権が、日本国内で行使されることになってしまうからである。

これに対し、仲裁であれば、国家主権の壁がなく、オンラインを用いた証言等の手続は、一般的である。

c 言　語

ドイツ、フランス、中国等の非英語圏での訴訟は、日本企業にとって多くの場合、特に負担が重いものである。訴訟は、基本的に、その国の言語で行われる。英語の手続であれば対応できるものの、それ以外の外国語の場合には、対応が困難という日本企業は多いと思われる。その場合、非英語圏での訴訟については、訴訟資料の英語または日本語への翻訳が必要となる等、翻訳の負担が増す。また、ヒアリング等の手続も、英語であれば理解できるものが、英語以外の外国語の場合には、同時通訳がいない限り理解ができないという問題が生じる。

一部、非英語圏の裁判所でも、国際的なビジネスの案件については英語での審理を可能とする動きがあるが、まだ一般的ではない。

これに対し仲裁であれば、当事者が言語を選択することができ、国際仲裁であれば、通常は英語が選択される。

(3)　まとめ

以上のとおり、国際的な紛争解決においては、仲裁の方が訴訟よりも、一般にスムーズに進むと考えられる。

また、判断を得た後、これに基づき強制執行を行う段階においても、仲裁であれば、ニューヨーク条約によって、その締約国においてはスムーズに手続が進むと考えられるのに対し、訴訟の場合、強制執行が行えない場面が多く考えられる。例えば、日本の裁判所の判決は、中国では強制執行が認められない。

そのため、国際的な紛争解決においては、仲裁が広く活用されている。

なお、念のため付言すると、DAABが仲裁よりも効率的な紛争解決手続であることは、既に述べたところであるが、DAABも国家によらない紛争解決手続である。したがって、DAABにおいて、国家主権の壁が問題になることはなく、送達、オンライン手続、および言語が特に問題になることはない。

あとがき

　はしがきにおいて、本書の特徴と狙いとして、バックグラウンドがかなり異なる執筆者3名のコラボレーションに言及した。本書のもととなる連載の最終回においても述べたことであるが、コラボレーションの意義として感じることは、多様性の中の共通点の確認である。この3名においても、確固たる共通認識があった。
　それは、争いが仲裁にまで発展することは望ましくなく、そのコストと時間的ロスは多大なものであること、そのコストと時間的ロスを避けるための努力が重要であるという点である。この努力の最たる例が、工事および契約の当初から、信頼できるメンバーのDAABを設置し、関係者間の信頼関係醸成に努めることである。
　本書のもととなる連載の開始に際し、NBL 2021年3月15日号に「契約書の重要性と、限界と、対処法」という寄稿をした。ここに改めて引用する。

　企業法務において、契約書が重要であることは言うまでもない。ビジネスが成り立つには、他者との取引が必要であるところ、その取引が自らの望む方向に進む可能性を高める重要なツールである。
　また、不測の事態が生じた場合の対処方法として、契約書であらかじめ定めることは合理的である。何も定めがないところでは、損害等の負担について当事者間で争いになり、訴訟、仲裁等の法的手続に至る可能性が高い。これに対し、契約書で不測の事態におけるリスク分担を定めておけば、その定めに従って、多大な時間、労力、費用等をかけることなく処理されることが期待できる。
　紛争の多くは、損害が生じた後に、誰がそれを負担するべきかについて発生する。実際に損害が生じて目の前にある状況では、当事者はその転嫁に躍起になり、負担の話し合いはまとまり難い。これに対し、事前の契約書作成段階では、将来発生するかもしれない損害についてのリスク分担というテー

マとなり、話し合いが圧倒的にまとまりやすくなる。その背景としては、将来のことなので、リスクを負担したとしても、自らの努力で損害発生を回避し、リスクを解消できるという期待を持てることがある。このようにして、契約書の紛争予防機能が発揮される。

　しかしながら、契約書には限界がある。たとえば、大規模な建設・インフラ工事等の複雑な契約においては、契約期間が長期にわたることが多いが、その間に生じ得るすべての事象を予測し、リスク分配を契約書で定めきることは、およそ不可能である。すなわち、契約書の作成には、未来の予測という作業が必要であり、その精度には自ずと限界がある。この限界は、定型的な契約、短期間の契約ではさほど問題にならないが、契約が大規模、複雑な場合、個性的な場合、長期間にわたる場合に、未来の予測の難しさが増し、また、国際契約においてはステークホルダーの国籍、文化、商慣習が異なり、この限界がより顕在化する。また、新たな領域のビジネスにおいても、同様である。

　対処方法は、契約書を作成した後の継続的なフォローであり、またその仕組みを契約書で定めることである。法務部門の役割として、契約書の作成の場面と、訴訟、仲裁等の場面は明確に意識されているものの、その中間にある契約管理も、特に契約書に限界がある場面では、重要な意味を持つ。ビジネスにおいて複雑さと、イノベーションが増している中、契約書の限界はますます生じやすくなっている。換言すれば、契約書作成後、法務的観点が忘却されるという状況は、従前よりも大きな危険となり得る。

　そこで具体的に、契約書の限界にいかに対処するかであるが、筆者らは、商事法務ポータルでの連載として、FIDICという大規模な建設・インフラ工事用の英文契約書式を題材に、解説を試みる所存である。基本とわかりやすさを重視する方針であり、もしよろしければ、おつき合いいただけると幸いである。

　前記**第11章5(2)**のコラムのテーマである、交渉における優先順位付けについても、同じことがいえる。最も重要なことは、信頼関係を醸成することであり、それを損なう交渉は、見た目には多くを獲得したとしても、望ましくはない。

　3名のコラボレーションの結論は、あえて一言にまとめるのであれば、継続的に関係者間の信頼関係を醸成していくことの重要性を確認したことである。

索　引

欧　文

acceleration ················ 105
adjustment ················· 59
Bill of Quantities（BQ）········ 37
Claim ····················· 181
Combined Dispute Board
　（CDB）··················· 203
concurrent delay ············· 96
Contractor ··················· 3
critical path ················· 89
defect ····················· 117
Defect Notification Period
　（DNP）··················· 120
Delay and Disruption
　Protocol（SCL Protocol）····· 92
Delay Damages ·············· 86
design-bid-build ·············· 9
design-build（turn-key）········ 9
Dispute Avoidance
　/Adjudication Board（DAAB）
　····················· 48, 200
Dispute Review Board
　（DRB）··················· 203
disruption ················· 111

duty to mitigate ············· 105
Employer ···················· 3
Employer's Representative ···· 47
Engineer ··················· 48
Engineer's determination ······ 51
Extension of Time（EOT）······ 80
fitness for purpose ··········· 12
implied terms ··············· 22
lump sum ·················· 38
Notice of Dissatisfaction
　（NOD）··················· 195
prolongation cost ············ 94
Rainbow Suite ··············· 7
Red Book ··················· 7
Scott Schedule ············· 236
Silver Book ·················· 8
Society of Construction Law
　（SCL）···················· 92
Subcontractor ··············· 48
termination for convenience
　························ 139
time-bar 条項 ··············· 184
turn-key ···················· 9
Value Engineering ··········· 65
Variation ··················· 59

253

Yellow Book ·················· 8

あ 行

親会社保証（Parent Company Guarantee）·················· 149

か 行

外国仲裁判断の承認及び執行に関する条約（ニューヨーク条約）·················· 221
解除（termination）········ 129, 134
義務 ·················· 3
契約解釈 ·················· 17
契約自由の原則 ·················· 44
検収 ·················· 33
原則 ·················· 4
権利 ·················· 3
効果 ·················· 4
工期 ·················· 78
コモン・ロー（common law）···· 19

さ 行

試験 ·················· 33
執行可能性 ·················· 176
実体規定 ·················· 2
私的自治 ·················· 44
支払条件 ·················· 40
シビル・ロー（civil law）········ 19
趣旨 ·················· 5
準拠法 ·················· 17

ジョイントベンチャー（JV）·················· 152, 157
証拠収集手続 ·················· 174
信義則 ·················· 19
専門家（expert）·················· 238
相殺 ·················· 152

た 行

担保 ·················· 146
遅延（delay）·················· 77
遅延分析（delay analysis）········ 88
仲裁（arbitration）·················· 220
仲裁条項 ·················· 221
中断（suspension）········ 129, 130
手続規定 ·················· 2

は 行

賠償責任制限条項 ·················· 126
不可抗力（事由）·················· 101
不完備性 ·················· 29
紛争解決ルール ·················· 30
変更ルール ·················· 30
保険 ·················· 155
保全手続 ·················· 173
ボンド（bond）·················· 150

ま 行

目的 ·················· 5

や　行

要件 …………………………… *4*

ら　行

履行 …………………………… *145*

リスク分担ルール ……………… *29*
例外 …………………………… *4*

わ　行

和解 …………………………… *173*

著者紹介

大本俊彦（おおもと・としひこ）

国立大学法人京都大学経営管理大学院　特命教授

1974年京都大学工学研究科土木工学専攻（修士課程）を修了後、大成建設㈱に入社。主に国際工事を担当し、工事管理を経て契約管理・紛争解決にかかわる。1989年～1991年、ロンドン大学で「建設法と仲裁」の修士課程を修める。その後英国仲裁人協会より公認仲裁士（フェロー：FCIArb）の資格を得る。2000年、大成建設㈱を退社し、「大本俊彦　建設プロジェクト・コンサルタント」を開業。2002年、京都大学博士（工学）を取得。2006年4月、京都大学経営管理大学院教授となる。FIDICプレジデント・リストに掲載されているアジアで唯一のディスピュート・ボード（DB）アジュディケーターとして数々のプロジェクトのDBメンバーを務めている。また、英国土木学会（ICE）のフェロー・メンバーでもある。そのほか様々な国際仲裁センターの仲裁人パネリストとして仲裁人を務め、シンガポール調停センター、京都国際調停センターの調停人パネリストである。

関戸　麦（せきど・むぎ）

森・濱田松本法律事務所パートナー弁護士

訴訟、仲裁等の紛争解決の分野において、Chambers、The Legal 500 等の受賞歴多数。『わかりやすい国際仲裁の実務〔別冊NBL No. 167〕』（商事法務、2019年）、「パネルディスカッション　争点整理は、口頭議論で活性化するか」判タ1453号（2018年）31頁、『わかりやすい米国民事訴訟の実務』（商事法務、2018年）等、国内外の紛争解決に関する執筆、講演歴多数。

1996年東京大学法学部卒業、1998年弁護士登録（第二東京弁護士会）、森綜合法律事務所（現在森・濱田松本法律事務所）入所、2004年シカゴ大学ロースクール（LL.M）卒業、ヒューストン市 Fulbright & Jaworski 法律事務所にて執務、

2005年ニューヨーク州弁護士登録、2007年東京地方裁判所民事訴訟の運営に関する懇談会委員（〜2019年）、2021年日本商事仲裁協会・Japan Commercial Arbitration Journal編集委員会委員（〜現在）、2023年日本仲裁人協会・国際人材育成委員会委員長（理事）（〜現在）、2023年日本商事仲裁協会・仲裁調停規則改正委員会委員（〜現在）等。

高橋茜莉（たかはし・せり）
森・濱田松本法律事務所パートナー弁護士

国際仲裁をはじめとした国際紛争解決を専門とする。大手外資系法律事務所の東京、ドバイおよび香港オフィスでの勤務経験を有し、建設紛争、合弁事業に関する紛争等、様々な分野における国際商事仲裁や専門家による紛争解決手続などに携わってきた。ICC Dispute Resolution Bulletin、JCAジャーナル、Asian Dispute Review等における、国際仲裁・国際建設紛争に関する執筆、講演も手がける。2020年より、森・濱田松本法律事務所の国際紛争解決チームに属し、シンガポールオフィスにおける約4年間の執務を経たのち、現在は東京オフィスにて執務。

2008年東京大学法学部卒業、2010年東京大学法科大学院卒業、2011年弁護士登録（第二東京弁護士会）、2017年コロンビア大学ロースクール卒業、2018年ニューヨーク州弁護士登録。2024年ICC仲裁ADR委員会・日本派遣委員（〜現在）。

国際建設契約の法務
——FIDICを題材として

2024年9月24日　初版第1刷発行

著　者　大　本　俊　彦
　　　　関　戸　　　麦
　　　　高　橋　茜　莉

発行者　石　川　雅　規

発行所　株式会社　商　事　法　務
　　　　〒103-0027　東京都中央区日本橋3-6-2
　　　　TEL 03-6262-6756　FAX 03-6262-6804〔営業〕
　　　　TEL 03-6262-6769〔編集〕
　　　　https://www.shojihomu.co.jp/

落丁・乱丁本はお取り替えいたします。　　印刷／中和印刷㈱
©2024 Toshihiko Omoto, Mugi Sekido,　　Printed in Japan
　　　Seri Takahashi

Shojihomu Co., Ltd.
ISBN978-4-7857-3082-6
＊定価はカバーに表示してあります。

[JCOPY]〈出版者著作権管理機構　委託出版物〉
本書の無断複製は著作権法上での例外を除き禁じられています。
複製される場合は、そのつど事前に、出版者著作権管理機構
（電話 03-5244-5088、FAX 03-5244-5089、e-mail: info@jcopy.or.jp）
の許諾を得てください。